太阳能建筑应用
典型案例集

主　编　胡明辅　　主编单位　昆明市住房和城乡建设局
中国可再生能源学会太阳能建筑专业委员会
昆明理工大学太阳能工程研究所

中国建筑工业出版社

图书在版编目（CIP）数据

太阳能建筑应用典型案例集／胡明辅主编. —北京：
中国建筑工业出版社，2014.11
    ISBN 978-7-112-17366-2

    Ⅰ.①太…　Ⅱ.①胡…　Ⅲ.①太阳能建筑—建筑工
程—案例—中国　Ⅳ.①TU18

    中国版本图书馆CIP数据核字（2014）第242690号

责任编辑：唐　旭　杨　晓
书籍设计：京点制版
责任校对：李欣慰　关　健

太阳能建筑应用典型案例集
主　　编　胡明辅
主编单位　昆明市住房和城乡建设局
　　　　　中国可再生能源学会太阳能建筑专业委员会
　　　　　昆明理工大学太阳能工程研究所
　　　　＊
中国建筑工业出版社出版、发行（北京西郊百万庄）
各地新华书店、建筑书店经销
北京京点图文设计有限公司制版
北京盛通印刷股份有限公司印刷
　　　　＊
开本：880×1230毫米　1/16　印张：8½　字数：270千字
2014年12月第一版　2014年12月第一次印刷
定价：**78.00**元
ISBN 978-7-112-17366-2
　　　　（26210）

编委会

主　　任：李　波

副 主 任：仲继寿　丁光勤　彭　倩　胡明辅

委　　员：王家成　丁　平　郑晶茹　张　磊　李永泉　刘　江　崔春华
　　　　　钟铭华　李韬鹏

主　　编：胡明辅

编写组：丁　平　吕　云　闻华荣　别　玉　尹　雄　郑惠敏　李春俊
　　　　　毛文元　经有昌　刘永昆　周智武　周井飞　王　强　陈　黎
　　　　　赵正宽　文　涛　王天伦　周　毅　李锦钦　张宏波　徐　斌
　　　　　尹顺峰

主编单位：昆明市住房和城乡建设局
　　　　　中国可再生能源学会太阳能建筑专业委员会
　　　　　昆明理工大学太阳能工程研究所

参编单位：云南鼎睿能源科技有限公司
　　　　　云南一通太阳能科技有限公司
　　　　　云南东方红节能设备工程有限公司
　　　　　云南省玉溪市太标太阳能设备有限公司
　　　　　昆明新元阳光科技有限公司
　　　　　皇明太阳能股份有限公司
　　　　　昆明恒宇惠源科技有限公司
　　　　　广东五星太阳能股份有限公司
　　　　　北京市太阳能研究所有限公司
　　　　　昆明市建筑设计研究院有限责任公司
　　　　　北京四季沐歌太阳能技术集团有限公司
　　　　　北京九阳实业公司
　　　　　昆明清华阳光太阳能工程有限公司
　　　　　北京华业阳光新能源有限公司
　　　　　北京索乐阳光能源科技有限公司
　　　　　西安市蓝色海洋太阳能有限公司

序　人人使用太阳能

中国正面临着严峻的生态环境压力，加大环境治理力度、实现绿色发展已经成为社会共识。李克强总理在今年的政府工作报告中，把"努力建设生态文明的美好家园"作为2014年的一项重点工作。能源是经济发展的引擎，而推动能源生产和消费方式的变革是经济发展的重要措施之一。国家能源委员会专家咨询委员会张国宝主任指出，能源工作的重点已经转向结构调整、技术创新和大力发展新能源、可再生能源的新阶段。

根据《中国统计年鉴2013》的数据，截止到2012年底，我国总建筑面积接近540亿 m^2，2012年我国建筑运行用能6.9亿tce（吨标准煤，不包括生物质非商品能源），建筑能耗约占社会终端能耗的30%。近10年我国城镇建设速度惊人，建筑运行能耗持续增长。新农村建设稳步推进，绿色农房的概念刚刚兴起，农村住房节能逐渐受到各级政府的重视，因此我国的建筑运行能耗还会增加。

现阶段，我国成熟的太阳能热利用技术（包括各类太阳能热水系统和空气源热泵）已经完全能够解决生活热水问题，约占住宅运行能耗的10%；采用被动太阳能采暖或降温的建筑技术，至少可以节约建筑运行能耗10%以上；充分利用天然采光、自然通风策略可降低建筑运行能耗5%以上；屋顶或墙面安装光伏构件，可解决建筑使用能耗的5%。以上合计将达到30%。在我国建筑节能理念普及的环境下，建筑运行能耗基数会降低，其贡献率还会更高。

合理高效利用太阳能等可再生能源在解决常规能源短缺的能源安全战略方面发挥着越来越重要的作用。建筑日益成为可再生能源开发利用的重要载体，使太阳能技术得到更广泛的应用：要从传统的建造理念向充分利用现代太阳能技术转化；要从关注一次投资向全生命周期投资平衡和权益分配转化；要从单一常规能源支撑系统向持续有效利用环境能量和可再生能源转化。通过被动优先主动优化的建筑设计策略，实现可再生能源的高效利用。

可再生能源利用，尤其是建筑利用具有广阔的发展前景，人人都在使用可再生能源将不再是梦想！

中国可再生能源学会太阳能建筑专业委员会主任　仲继寿

2014年8月30日于北京

前　言

中国已经超过美国成为全球能源消耗第一大国，也是全球温室气体的最大排放国，而且中国尚属不发达国家，能源的消耗仍存在较大的增长空间。鉴于资源与环境的牵制，大量开发利用可再生能源替代传统化石能源，发展节能技术，是满足我国能源消费日益增长需要的必由之路，也是实现我国经济和社会可持续发展的必由之路。

根据一般发达国家的情况，工业、交通、建筑能源消耗比例大体为 3：3：4，有些国家建筑能源消耗甚至达到总能耗的 50%，我国目前建筑能耗约占社会总能耗的 30%，该比例还随着人民生活水平的提高而增加。因此把无处不在的太阳能用于建筑是大有可为的，其节能潜力是巨大的。

太阳能的热利用在经济上已经具备了与常规能源的竞争优势，特别是太阳能热水系统用于建筑采暖、提供生活热水，其经济性常显著高于传统能源，因而在基本没有政府补贴的情况下，在我国获得了广泛的应用。

太阳能用于建筑，普遍存在着一个认识上的误区，即把太阳能设施单纯地看作产品，认为太阳能产品质量好，其系统就好。事实上，太阳能在建筑上的利用设施，除家用紧凑型系统外，基本上属于工程的范畴。也就是说，太阳能利用系统的优劣，不仅决定于产品质量，在更大程度上决定于工程设计和工程施工的质量。

由于上述长期存在的认识问题，太阳能建筑应用工程中质量问题层出不穷。其关键的问题主要是两方面：其一是太阳能设施与建筑的结合问题，即所谓"太阳能与建筑一体化"的问题，建筑设计常影响到太阳能的利用，而太阳能利用设施又往往影响到建筑美观乃至建筑安全；其二是太阳能利用系统的设计与集成问题，包括太阳能与辅助能源的结合，由于设计不当造成系统效率低下、无谓地大量消耗常规能源的现象并不少见。

另一方面，我国许多太阳能应用企业，特别是一些工程型企业，在长期的实践中开发了一些新颖、适用的技术，形成了一些典型的工程案例。鉴于此，我们通过中国可再生能源学会太阳能建筑专业委员会向全国征集太阳能建筑应用优秀案例，筛选编辑其中的典型案例，奉献给我国广大读者。

所谓典型案例，即在案例中至少在某一方面具有一定的新颖性或特点，可以提供同行参考借鉴。如与建筑的结合方面，有的案例太阳能集热器与建筑屋面有机结合、浑然一体；有的直接用太阳能集热器兼作屋面覆盖层；有的用太阳能集热器作为建筑的装饰。系统的集成方面，包括了太阳能地板采暖及供热水系统、太阳能干燥系统、高层建筑的集中式热水系统、防热水温度过高的恒温供热水系统、单水箱与双水箱系统、太阳能与辅助能源结合的系统、阳台壁挂式系统、光伏泵驱动式系统、集中—分散式系统等。

本书内容最大的特点是客观地呈现案例的实际面目。如此，虽然案例在某些方面具有长处，但也可能在其他方面存在某种局限性。为了避免误导读者，对于案例的一些具有局限性或需要引起读者特别注意的地方，则以"专家点评"的方式给予提示。

本书的编辑工作是在昆明市住房和城乡建设局、中国可再生能源学会太阳能建筑专业委员会和昆明理工大学太阳能工程研究所的共同努力下完成的，在此表示衷心的感谢！同时对为本书提供案例的单位表示衷心的感谢！

本书的编辑方式作为一种尝试，难免存在某些不足，且限于水平，书中也难免存有不妥或疏漏之处，敬请见谅。

编写组

2014 年 8 月

目 录

1 云南恒业游泳馆
——建筑一体化太阳能平屋面

【项目概况】云南恒业游泳馆建成于 2007 年初，是全国第七届残疾人运动会游泳比赛馆，也是 2008 年北京残奥会中国运动员选拔比赛场馆。

游泳馆包括标准泳池和准备池各一个、运动员公寓、餐饮用房和办公用房等，建筑面积 18170m²。采用空气源热泵辅助太阳能热水系统构成热力中心，分别对池水加热，提供低温辐射地板采暖、泳池暖风、淋浴热水和运动员公寓热水。其中池水容量共 2860m³，配置太阳能集热器面积 1862m²，热泵输入功率 331kW，输出功率 973kW。

【案例特点】屋顶结构为大跨度斜拉轻钢结构，对于屋面载荷比较敏感，因此集热器采用特制的轻型建筑一体化平板集热器，每平方米运行载荷仅 6kg；集热器平置于建筑屋面，采用凸形透明盖板，以避免其积灰积垢，具备一定自洁功能；太阳能与空气源热泵结合构成综合热力中心，统筹协调池水加热、低温辐射地板采暖、泳池暖风、淋浴热水和运动员公寓热水等。泳池采用太阳能低温辐射地板采暖，节能舒适；以自来水作为传热工质，排空防冻。

【建设单位】云南恒业投资置业发展有限公司
【建设地点】云南省昆明市五华区
【设计施工】云南鼎睿能源科技有限公司，云南一通太阳能科技有限公司
【技术支持】昆明理工大学太阳能工程研究所
【项目性质】昆明市 2007 年度科技计划项目

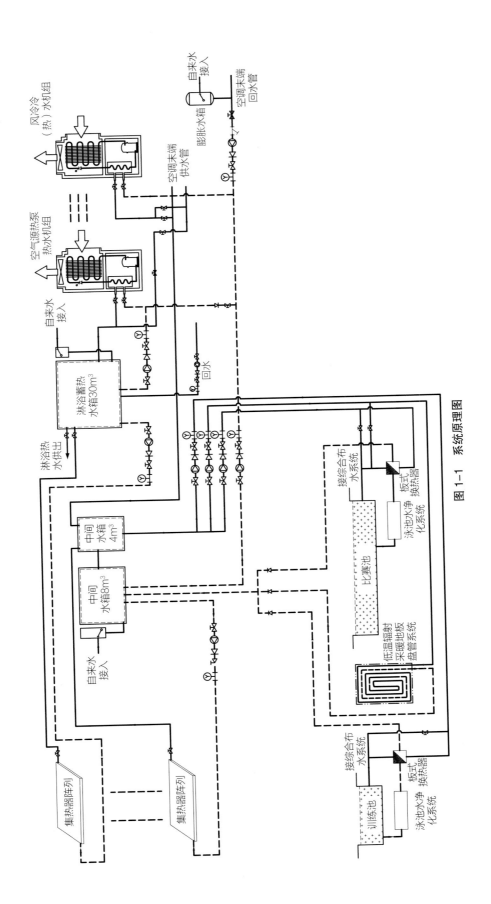

图1-1 系统原理图

系统原理说明：

系统分为泳池恒温系统、地板采暖系统、沐浴热水系统、热泵辅助供热系统、太阳能集热系统几大部分。

泳池恒温系统：泳池恒温热量首选太阳能集热系统作为恒温热源，在阴雨天气或日照不足时，采用热泵作为恒温热源。为避免泳池中氯离子对太阳能集热器的腐蚀，采用自来水作为传热工质，利用板式换热器作为太阳能与泳池换热的中间设备。

地板采暖系统：太阳能的热量除了为泳池恒温提供热量外，还为泳池周围的地板提供热量，利用采暖地板的加热方式，为运动员提供舒适的运动环境。

沐浴热水系统：太阳能系统的设计设置了专门用于沐浴热水加热的系统，为直接式系统，效率较高。同时配置了回水系统，实现热水即开即热，避免水资源的浪费。

图 1-2　游泳馆外景
（看不到任何太阳能应用设施）

图 1-3　太阳能与建筑一体化屋面
（集热器与屋面浑然一体）

图1-4 特制的轻型建筑一体化太阳能集热器
（屋面附加载荷约6kg/m²，集热器透明盖板为
外凸的圆弧形，具备一定的自洁功能）

图1-5 空气源热泵辅助系统
（大水箱为沐浴热水水箱，两个小水箱为中间水箱）

图1-6 游泳馆标准池
（建筑为大跨度轻钢结构，地面采用太阳能低温辐射地板采暖）

2 潍坊甘霖实业太阳能工程
——太阳能与种植园结合

【项目概况】 项目为工厂集体浴室，利用太阳能热水系统辅助蒸汽（电热）加热，为1200名住宿员工提供沐浴热水。设计冷水温度15℃，热水设计温度45℃，日用水量50m³，集热器面积为783.2m²。太阳能保证率为61%。太阳能系统设备安装在浴室西北侧的空地上方，水箱放置在集热器的下面。

采用双水箱模式实现恒温供水，将太阳能系统储热水箱分为集热水箱和供水水箱，集热水箱直接和太阳能集热系统循环，并储存热量；供水水箱向浴室提供沐浴热水，通过系统自动的冷热水调控，保证供水温度为45℃（可调）左右，不会对人体产生烫伤。

太阳能系统在持续的高温运行工况下，管路内会产生气体，可通过排气阀排出；在极端恶劣工况下，安全阀自动打开，以保证系统的安全，不发生炸管情况。

【案例特点】 利用真空管太阳能集热器"漏光"的特性，实现了太阳能与种植园结合，既节省了空间，又不影响园区种植与绿化，营造良好的生态环境。

【建设单位】 潍坊甘霖实业公司
【建设地点】 山东省枣庄市
【设计施工】 皇明太阳能股份有限公司
【专家点评】 采用落水式供给热水，可能使得集热系统长期处于较高温度环境下工作；水箱间的连接与循环方式会导致热水与冷水的反混。如此可能降低系统效率，增加常规能源的消耗。

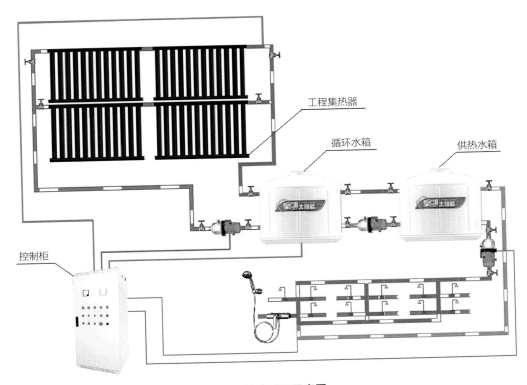

工程集热器

循环水箱

供热水箱

控制柜

图 2-1 系统原理示意图
（本图为示意性质，不代表其工程实际）

系统原理说明：

　　左边水箱为集热循环水箱，右面为供热水箱。集热循环为温差控制循环；水箱补水为通过水位和水温控制的自动补水；水箱间循环为两水箱温差控制循环；辅助加热为供热水箱内置电加热；供热水口位于水箱下部，为落水式供水。另外系统还具备防冻循环、防干烧循环、防冻电加热等功能。

图 2-2 太阳能系统景观
（上面为绿色能源，下面为绿色种植）

3 昆明世博生态城二期
——集中—分散式太阳能热水系统

【项目概况】 昆明世博生态城二期住宅小区建于 2008 年，建筑为高层。太阳能热水系统为集中—分散式强制循环间接系统，太阳能集热器集中安装于屋面，承压保温水箱放置于各住户阳台；可以较充分地利用屋顶太阳能资源，相关设备不破坏建筑外立面的美观；热水箱安装电辅助加热，让住户全年享受舒适、便捷的热水供应。

【案例特点】 选用集中—分散式（间接）太阳能系统，为住户提供的是热量而不是热水，住户不需要向物业缴纳热水费用。承压保温水箱放置在各户阳台，不占用屋面面积，由住户自己维护管理，太阳能系统的屋面设备及循环立管由物业公司维护管理，较好地解决了高层住宅热水系统管理难的问题。

采取了防热逆流措施：当保温水箱内的温度高于太阳能循环管道内的温度，热量在太阳能循环泵的作用下会被带回屋面太阳能集热器中，造成较大的热量损失。为此，本项目选用电磁阀作为防热逆流措施，通过检测保温水箱及循环管道内的温度来控制其开启和关闭，从而避免了住户水箱的热量流失。

【建设单位】 云南世博兴云房地产有限公司
【建设地点】 昆明市盘龙区
【设计施工】 昆明新元阳光科技有限公司
【项目性质】 国家可再生能源建筑应用示范项目
【专家点评】 相对于集中式系统而言，此类系统不需要屋面集中放置的大水箱，并避免了对住户热水的计量与水费的分摊问题，物业管理较为简便。但此类系统也存在着系统热损失较大、系统效率较低、投资较大、可靠性降低等问题。

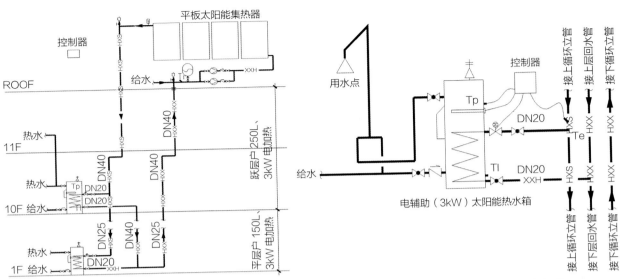

图 3-1　太阳能系统原理图　　　　　　　图 3-2　太阳能热水系统原理节点图

系统原理说明：

　　系统主要由太阳集热系统、承压保温水箱（带电加热）、电气控制系统三部分构成。集热器把太阳能转换成热能，通过强制循环，将热量以间接换热方式储存到住户保温水箱内，并借助电加热保障供热，满足住户日常生活热水需求，同时还采取了防热逆流措施，通过检测水箱底部及循环管内温度来控制电磁阀的开启和关闭，保证水箱内部的热量不会被带回屋面集热器中。

图 3-3　太阳能与建筑实景图

图 3-4　布置于住户阳台的热水箱

4 云南曲靖市睿智大酒店
——建筑构件化太阳能热水系统

【项目概况】项目建设于 2014 年，利用空气源热泵辅助太阳能热水系统提供酒店洗浴热水。配置建筑构件化集热器 650m²，热水箱 2 个，容积共 45m³，20P 空气源热泵 4 台，输出功率 302.4kW。设置热水给水回水系统，实现热水即开即热。利用循环方式进行冬季防冻。

在原建筑屋顶上，用轻钢结构搭建成简易屋架，利用太阳能构件化集热器直接作为屋面覆盖层铺设于轻钢结构上，从而构成完整建筑，用于酒店办公室和员工宿舍。

【案例特点】利用太阳能构件化集热器作为建筑屋顶面板，在满足太阳能集热的同时，兼作屋面覆盖层，起到遮风避雨、保温隔热的作用；设计为双水箱，热泵只对其中高温水箱加热，避免由于热泵的工作影响太阳能的集热效率；利用循环方式防冻，为了避免防冻循环启动后使得高温水箱的温度降低，造成热泵启动而浪费常规能源，使防冻循环仍回到低温水箱的下部，有效地减小了热损失。

【建设单位】云南省睿智房地产开发有限公司
【建设地点】云南省曲靖市麒麟区
【设计施工】云南鼎睿太阳能工程有限公司
【技术支持】昆明理工大学太阳能工程研究所
【项目性质】曲靖市国家可再生能源建筑应用示范项目

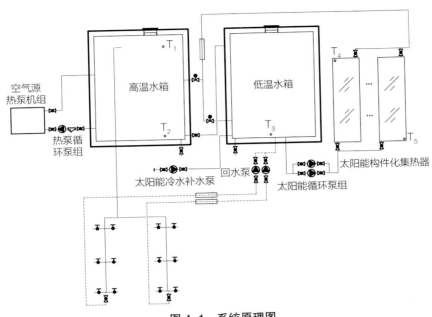

图 4-1　系统原理图

系统原理说明：

双水箱系统，太阳能集热系统采用温差控制、强制循环模式，从低温水箱取水，经过集热器加热循环至高温水箱。辅助热源采用空气源热泵加热，当高温水箱温度达不到使用要求（45℃，可调）时，热泵自动启动；当水温达到设定值（50℃，可调）时，热泵停止工作。

太阳能防冻系统采用循环防冻，当集热器检测点温度 T_5 低于设定值（3℃，可调）时，开启太阳能循环泵；当检测点水温高于设定值（5℃，可调）时，关闭太阳能循环泵。防冻循环从低温水箱底部抽取，通过电动阀门切换，仍然回到低温水箱底部，避免了对于系统热水供给的影响。

太阳能水箱补水采用液位控制，当水箱液位低于 H_1 时，启动补水泵，开始补水；当水箱液位高于 H_2 时，关闭补水泵，停止补水。

图 4-2　酒店实景图（构件化集热器位于屋顶）

图 4-3　构件化太阳能集热器屋顶

5 解放军 301 医院海南分院
——太阳能与建筑一体化

【项目概况】解放军 301 医院海南分院位于海南省三亚市海棠湾，在建设时，按照"军内先进、国内一流、国际先进"的高标准建设目标，建成"疑难危重诊治、医疗康复、人才培训、新技术新业务研发推广"的四大基地，分别为海南百姓、在海南的海内外宾客提供医疗服务，为海南造就一批医疗技术骨干和海南医学技术创新服务。因此，在医院的建设中，对建筑、机电等各个专业有着较高的综合要求。

301 医院海南分院的医疗区与住宿区均需提供生活热水，设计为空气源热泵辅助太阳能热水系统，其中门诊楼、行政办公楼、VIP 楼、住院楼、1 号公寓楼、2 号公寓楼、4 号公寓楼、5 号公寓楼、住宅楼的屋面均设置真空管太阳能系统，门诊楼、行政楼、VIP 楼和住院楼屋顶设空气源热泵机组辅助加热，构成生活用水加热系统。热水设计温度 55℃，日用水设计量共 380m³/d，太阳能集热器总面积 4833.6m²。

全天候、全时段连续供应热水，系统的运行状态实时显示在管理单位计算机上。

【案例特点】建筑一体化独特设计，实现了太阳能利用与建筑景观的和谐统一；双水箱系统，定温出水，具有防混水功能；变频压力供水，热水与冷水压力平衡性较好，舒适性更高；采用工业级的 PLC 模块、进口电器元件，提高了系统的稳定性；系统设置了远传监控系统，实时显示系统运行状态，具备报警功能与处理措施，降低了管理人员的工作强度，提高了工作效率。

【建设单位】中国人民解放军总医院海南分院工程建设指挥部
【建设地点】海南省三亚市
【设计施工】北京华业阳光新能源有限公司
【专家点评】空气源热泵的安装过于密集，不利于冷气的扩散。

图 5-1　建筑立面景观

图 5-2　屋顶太阳能及热泵系统

6 昆明颐庆园住宅小区
——建筑一体化家用太阳能热水器

【项目概况】昆明颐庆园住宅小区始建于 2007 年，建筑类型主要为多层建筑，另有少量别墅，均为坡屋面建筑。太阳能热水系统采用分户分体式强制循环直接式系统。集热器集中安装于坡屋面，使集热器与建筑有机结合、协调美观；承压储热水箱放置于各住户阳台；每套储热水箱分别配套电辅助加热系统，让用户全天候享受到舒适方便的热水。

【案例特点】把属于户用的集热器集中排布在一起，既保持了户用热水器的优点，又避免了户用热水器凌乱、影响建筑形象的缺点；辅助电加热管安装于热水箱的中上部，使得电加热不致显著影响太阳能的利用；系统中水箱上配置安全阀，防止水温过高、压力过高引起的安全问题；集热器上配置排气阀，排除气体，并具有防止水温过高的作用；太阳能集热系统底端配置排空阀，对于严寒天气进行排空防冻。

【建设单位】昆明市城市建设综合开发有限公司
【建设地点】昆明市西山区滇池路杨家片区
【设计施工】云南一通太阳能科技有限公司，昆明市建筑设计研究院有限责任公司
【项目性质】国家可再生能源建筑应用示范项目

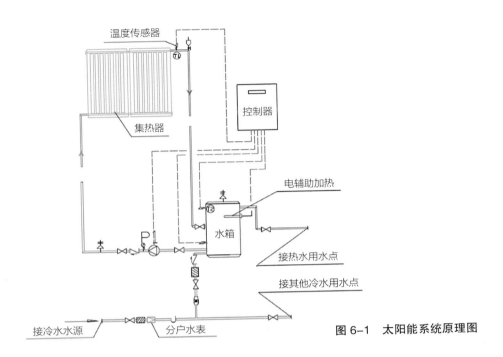

图6-1　太阳能系统原理图

图6-2　太阳能与建筑实景图

图6-3　置于住户阳台的储热水箱

7 昆明星耀水乡别墅住宅区
——斜屋面太阳能与建筑一体化

【项目概况】昆明星耀水乡是一个以生态运动公园为核心的集居住、休闲、商业、健身、马术、种植、垂钓、酒店、会议等为一体的生态旅游度假片区。项目总用地面积 1718 亩（114.57 万 m²），总建筑面积 115.6 万 m²，开发建设时间为 2010 年～2015 年。其中居住建筑主要以独栋别墅为主，建筑形式为木质结构、坡屋面。

鉴于本项目的特殊性，太阳能热水系统采用分离式建筑一体化形式。根据用户需要，设计为单纯热水供给和热水供给兼建筑地板采暖两种形式。特制的平板型建筑一体化集热器覆盖在斜屋面上，形似玻璃幕墙，集热器阵列的循环管道隐藏在集热器阵列中，较为简捷、美观；承压水箱隐藏在建筑底层，不影响建筑形象；设置自动回水系统，热水即开即用；利用燃气热水器辅助供热，形成全天候供热系统。

【案例特点】建筑一体化太阳能集热器阵列，集热器之间连续布置，形似斜置的玻璃幕墙；集热系统循环管道集成于集热器阵列中，因此在屋面上看不到循环管道，使得系统简捷、美观、大气；热水系统与地板采暖结合，工质水箱与热水水箱结合，采暖季节与非采暖季节结合，常压循环系统与压力供水系统结合；被动式自动排空防冻方式，利用水作为集热工质，成本低廉、安全可靠。

【建设单位】昆明星耀（国际）俱乐部有限公司
【建设地点】昆明市嵩明县杨林镇嘉丽泽
【设计施工】云南鼎睿能源科技有限公司
【技术支持】昆明理工大学太阳能工程研究所
【项目性质】昆明市国家可再生能源建筑应用示范项目
【专家点评】本项目的集热器阵列和系统集成技术方面都有诸多的技术突破，值得同行业参考借鉴。另外，此类分离式太阳能集热系统，循环管路比较长，系统设计中应综合考虑集热器、储热水箱和循环管路之间的配比。

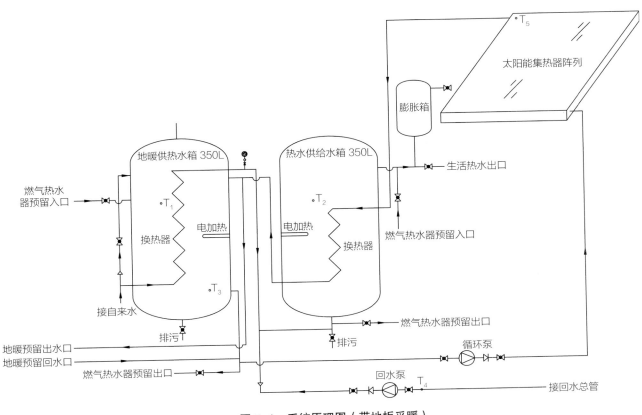

T_5

太阳能集热器阵列

膨胀箱

地暖供热水箱 350L

热水供给水箱 350L

生活热水出口

燃气热水器预留入口

T_1

T_2

电加热

换热器

电加热

换热器

T_3

燃气热水器预留入口

接自来水

排污

燃气热水器预留出口

地暖预留出水口

循环泵

地暖预留回水口

排污

燃气热水器预留出口

回水泵　T_4

接回水总管

图 7-1　系统原理图（带地板采暖）

系统原理说明：

　　双水箱分为热水箱和地板采暖水箱，热水箱为承压水箱，直接提供生活热水；地板采暖水箱为非承压水箱，其中的水作为传热工质使用。热水供给水箱为高温水箱，地板采暖水箱为低温水箱，从系统构成及水箱结构上确保高温水箱与低温水箱的隔离。地板采暖水箱预留了一定空间，可实现系统的排空防冻。

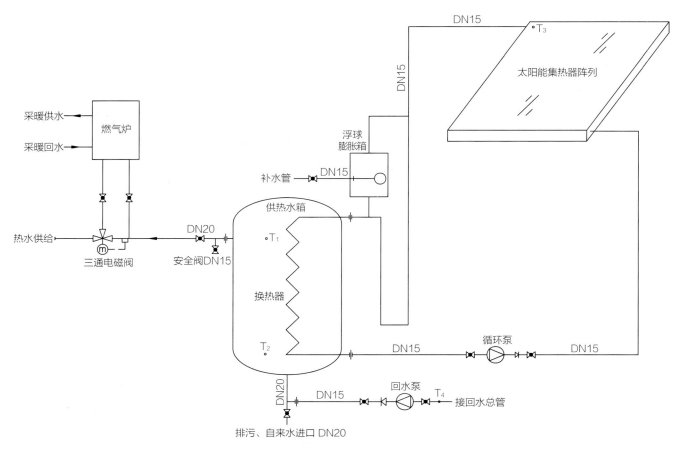

图 7-2　系统原理图（不带地板采暖）

系统原理说明：

在浮球膨胀箱上部与上循环管连接通气管，循环泵处的单向阀为逆向微导通的特型阀，即可在集热系统长时间不工作时实现集热器阵列中的液体被动式自动排空，可实现系统的排空防冻和过热保护。

图 7-3　集热器与屋面安装整体效果

图 7-4　集热器阵列
（循环管道集成在集热器阵列的内部，板与板之间无缝隙）

8 保定维多利亚夏郡小区
——平板型阳台壁挂式太阳能热水器

【项目概况】保定维多利亚夏郡小区为 17 ~ 32 层的高层建筑，由于屋顶面积限制，在建筑立面上设计安装阳台壁挂式太阳能热水器。每户安装平板集热器面积 $2m^2$，配置储热水箱容积 90L。

阳台壁挂式太阳能热水器采用双回路结构，集热器不结垢，低冰点防冻工质，安全可靠；热虹吸式自然循环，无需外部动力；承压式热水箱，使得冷热水压力均衡。

【案例特点】阳台壁挂式太阳能热水器与建筑一体化，为高层建筑太阳能的利用开辟了新的空间；设置水箱夹套进行间壁式换热，利用工质导热，使得系统运行的可靠性得到提高、完善。

【建设单位】保定市金翰林房地产开发有限公司
【建设地点】保定市恒祥北大街
【设计施工】北京市太阳能研究所有限公司，北京桑普阳光技术有限公司

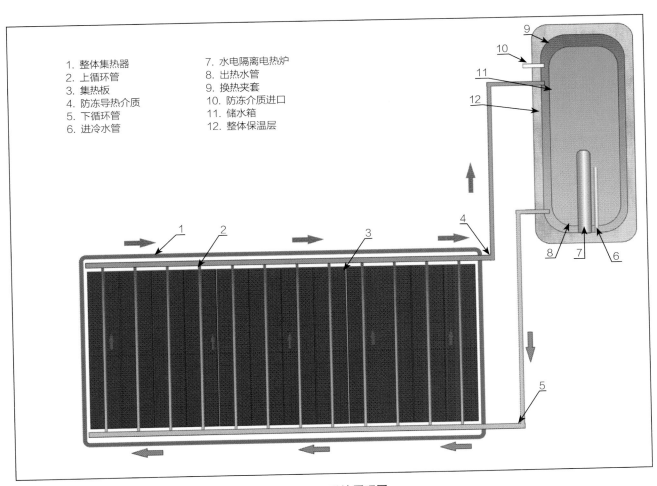

1. 整体集热器
2. 上循环管
3. 集热板
4. 防冻导热介质
5. 下循环管
6. 进冷水管
7. 水电隔离电热炉
8. 出热水管
9. 换热夹套
10. 防冻介质进口
11. 储水箱
12. 整体保温层

图 8-1 系统原理图

图 8-2　建筑与太阳能安装景观图

图 8-3　热水箱安装景观

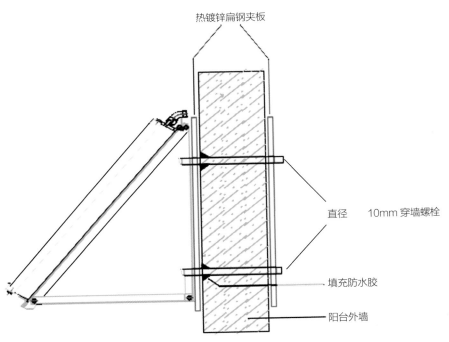

图 8-4　集热器安装图

9 西藏山南、日喀则军分区
——太阳能采暖工程

【项目概况】项目建设于 2005 年 5 月。西藏按地理纬度划分属于我国南方，但由于海拔高，气候条件仍属于高寒地区，气温低，昼夜温差大，自然条件恶劣。驻军官兵长期无采暖及热水供给条件，生活较为艰苦。为改善驻军条件，为官兵创造较好的工作及生活环境，在营房安装热水及采暖设备，解决其生活及卫生热水需求。

西藏常规能源缺乏，但太阳能资源却十分丰富，鉴于此，采用燃油热水锅炉辅助的太阳能采暖供热系统成为首选。另外，考虑到集热系统的防冻问题，采用防冻液作为集热系统的载热工质。

由于太阳能系统仅在白天集热，采用低温辐射地板采暖，可以通过地板进行储热，以便减小储热水箱的容积。

由于西藏地区昼夜温差很大，集热器阵列纵向的热胀冷缩量很大，在集热器阵列中设置伸缩节，相邻两伸缩节间距应不大于 10m。

【案例特点】太阳能与燃油锅炉加热系统的结合，采暖与热水供给的结合，间接加热，地板采暖。西藏昼夜温差很大，集热器和管道的热胀冷缩问题十分突出，工程中采取了特别措施，确保系统长期安全工作。

【建设单位】西藏军区
【建设地点】西藏山南地区、日喀则地区
【设计施工】云南鼎睿能源科技有限公司，云南一通太阳能科技有限公司
【技术支持】昆明理工大学太阳能工程研究所

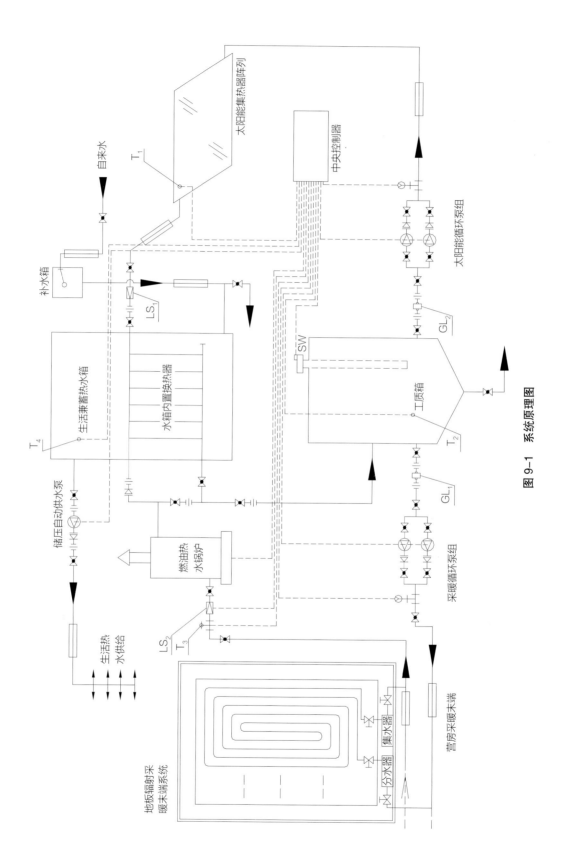

图 9-1 系统原理图

系统原理说明:

　　系统由太阳能、燃油热水锅炉及采暖末端系统组成。太阳能集热循环自工质箱开始,经过集热器加热,通过生活热水箱的内置换热器加热生活用水,再回到工质箱。采暖循环也自工质箱开始,经过地暖盘管,再回到工质箱。当太阳能热量不足或阴雨天气时,采用燃油锅炉系统供热。

图 9-2　太阳能集热器阵列

图 9-3　设备间的储热水箱、工质箱和燃油热水锅炉

图 9-4　地板采暖施工现场

10 西南林业大学浴室
——智能化燃油锅炉辅助太阳能热水系统

【项目概况】该项目建设于 2000 年 11 月，为学生浴室提供热水，要求在规定时间段内保障充足的热水供给。为充分发挥太阳能资源的作用，尽可能减少常规能源的消耗，浴室开放时间定为每天 15 时至 20 时。

根据当时当地的条件，设计为燃油热水锅炉辅助的太阳能热水系统，集热器面积 960m^2，热水箱 80m^3。

【案例特点】太阳能与燃油热水锅炉结合，微机控制，浮式取水。每天 14 时以前，太阳能循环采用温差控制模式，14 时以后，采用温差与温度控制模式，即热水达不到可用温度，循环泵不启动。燃油热水锅炉每天 12 时以后处于待机状态。12 时：当水箱上层温度低于 30℃时启动，高于 35℃时停止；13 时：当水箱上层温度低于 35℃时启动，高于 40℃时停止；14 时：当水箱上层温度低于 40℃时启动，高于 45℃时停止；14：30 时以后：当水箱上层温度低于 45℃时启动，高于 50℃时停止。补水电磁阀的开启则根据时间和水位的变化来设定，当按时段计算水箱内存水不够使用时，则开启电磁阀强制补水至"够用"为度。

【建设单位】西南林业大学浴室（原云南工业大学白龙校区浴室）
【建设地点】昆明市白龙寺
【设计施工】云南鼎睿能源科技有限公司，云南一通太阳能科技有限公司
【技术支持】昆明理工大学太阳能工程研究所
【专家点评】采用微机进行多参量的较为复杂的控制，可充分发挥太阳能的作用，对于节约常规能源是有利的。

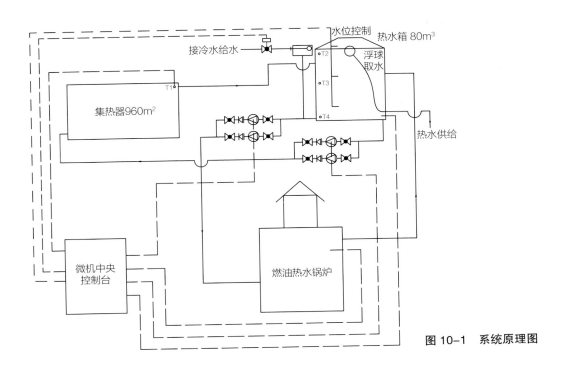

图 10-1　系统原理图

系统原理说明：

根据水箱的用水特点，采用分时段控制，在不同控制时段内，循环泵在温差及不同定温模式控制下工作。取水：采用浮球取水，浮球浮于水面上方，取水时始终取用水箱中温度最高的热水，利于热水使用。补水：按不同控制时段控制不同的水位，当热水水位下降到该时段的下限水位时，补水电磁阀自动打开，向水箱中补充冷水。辅助供热：采用燃油锅炉作为辅助热源，在太阳能供热不足或阴雨天气时使用，启动由微电脑控制。

图 10-2　太阳能系统景观

11 昆明春城海岸阳光果岭小区
——光伏驱动建筑一体化承压式太阳能热水器

【项目概况】本项目建筑于 2013 年，建筑形式为联排别墅，屋顶形式为坡屋面，平板集热器镶嵌于坡屋面上，保温水箱藏于地下室内。建筑朝向则以南向为主，少部分为东、西向，自来水供至保温水箱旁。系统循环方式为强制循环，光伏水泵驱动。

【案例特点】利用光伏微型水泵驱动家用分体式承压太阳能热水器，省去了传统市电驱动的配电、控制装置，节约能源、降低成本，提高了系统的可靠性，消除了对于市电的依赖。特别是太阳能系统产热、发电能够同步运行，当太阳辐射强烈时，系统产热多，光伏水泵运行强度大；反之当太阳辐射弱时，系统产热少，光伏水泵运行强度减小直至停止，有利于提高太阳能系统的热效率。

【建设单位】昆明佳达利房地产开发有限公司
【建设地点】昆明市阳宗海
【设计施工】昆明恒宇惠源科技有限公司

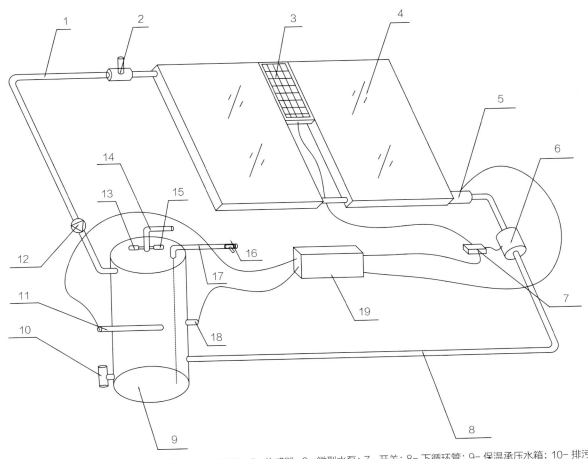

1- 上循环管；2- 自动排气阀；3- 太阳电池板；4- 集热器；5- 传感器；6- 微型水泵；7- 开关；8- 下循环管；9- 保温承压水箱；10- 排污阀；
11- 电加热器；12- 单向阀；13- 吸气阀；14- 热水出口；15- 温度、压力释放阀；16- 过滤阀；17- 冷水进口；18- 温度传感器；19- 控制器

图 11-1 系统原理图

图 11-2　集热器和光伏电池安装效果图

图 11-3　住宅小区景观

12 山东烟台慢城·宁海小区
——平板型阳台壁挂式太阳能热水器

【项目概况】烟台慢城·宁海项目位于烟台市牟平区，鉴于建筑为高层建筑，斜屋面结构，太阳能系统设计为阳台壁挂型式，辅助电加热。每户采光面积 1.88m²，配置热水箱容积 80L。此项目为烟台地区太阳能热利用项目的一个典型工程。项目在建筑设计及园林规划上充分突出了源于欧洲的"慢城"主题理念，其平板太阳能系统和自然融为一体，实现自然主义与新城市主义的交融。

水箱采用夹套式搪瓷水箱，集热器、水箱之间循环介质与生活用热水分离，确保水质不受污染；水箱夹套换热面积大，换热效率高，内胆表面采用非金属材料瓷釉，不生锈，防腐蚀，水箱以厚钢板作为胆体，有较强的耐压能力。

【案例特点】阳台壁挂式太阳能热水器有效解决高层住宅屋顶面积不足的问题，采用平板太阳能集热器，易于与建筑结合，安全性、可靠性较高。

【建设单位】烟台新潮房地产开发有限公司
【建设地点】山东省烟台市牟平区
【设计施工】北京四季沐歌太阳能技术集团有限公司
【专家点评】电加热器位于水箱底部，应严格控制其启动时段，否则对太阳能的利用不利。

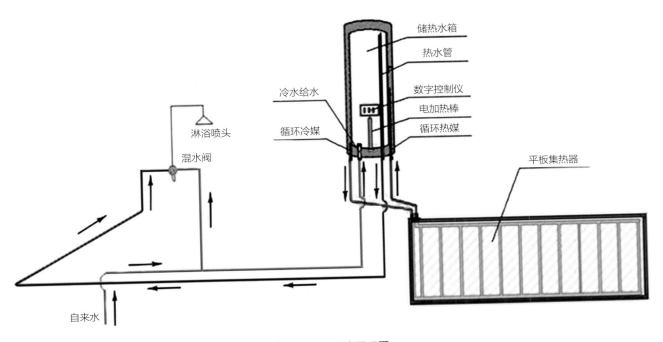

图 12-1 系统原理图

图 12-2 太阳能与建筑景观图

13 泰国家用太阳能热水器
——太阳能整机一体化设计

【项目概况】 东南亚的特点是地理纬度低，气候炎热，全年无霜，太阳能资源丰富，居住较分散，居家自己打井抽水较为普遍，工业不发达，安装技术水平不高。鉴于此，针对东南亚特点设计制造的家用太阳能热水器，水箱配比偏大，集热器倾角偏小，整机结构简单、整体性好、可靠性高。该产品采用 $2m^2$ 平板集热器，配置 200L 不锈钢承压水箱，一体化支架，超简略型循环管。

【案例特点】 利用平板集热器的结构特点和热虹吸机理，把上循环管和下循环管简化为不超过 200mm 长的软管，设计了通用于平屋面和坡屋面的支架，大大简化了家用太阳能热水器的整机结构，简化了安装流程，提高了整机的可靠性。

【设计制造】 云南鼎睿能源科技有限公司，云南一通太阳能科技有限公司
【技术支持】 昆明理工大学太阳能工程研究所
【项目性质】 出口泰国产品
【专家点评】 新颖别致的设计也适合于国内产品，其设计的思路和方法可供参考借鉴。

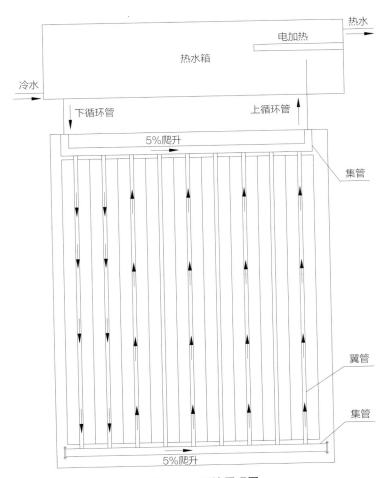

热水

电加热

热水箱

冷水

下循环管　　　　　　　　　上循环管

5%爬升

集管

翼管

集管

5%爬升

图 13-1　系统原理图

图 13-2　太阳能热水器产品图

图 13-3　太阳能热水器产品实际安装图

14 西安蓝色海洋公司门房
——太阳能建筑一体化采暖供热水

【项目概况】该建筑建成于 2012 年初，属于一个孤体建筑，难以利用厂区或市政采暖系统解决采暖问题。因此采用主动式太阳能采暖，并兼顾提供热水。建筑面积为 80m²，外墙 6cm 挤塑板保温；窗户为塑钢型材加 5mm×9mm×5mm 中空玻璃。

采暖末端采用地板低温辐射方式。设计安装平板集热器 27 块，面积 60.75m²，膨胀罐容积 150L，生活储热水箱容积 100L，采暖和生活热水辅助能源采用电加热，功率各 1.5kW。集热器安装于建筑南立面，集热器采用 3 层 77°倾角安装，其余设备全部安装在室内。

【案例特点】系统为承压双循环系统，集热单元采用平板集热器；集热和采暖系统统一使用防冻传热工质，冰点为 -25℃；储热主要利用建筑地板的热容，省去了大型储热水箱。

【建设单位】西安市蓝色海洋太阳能有限公司
【建设地点】西安市临潼区
【设计施工】西安市蓝色海洋太阳能有限公司
【专家点评】该建筑作为公司的门房，在提供太阳能采暖及供热水的同时，太阳能实施（集热器阵列）也同时作为公司的一个标志，起到一定的广告宣传作用。

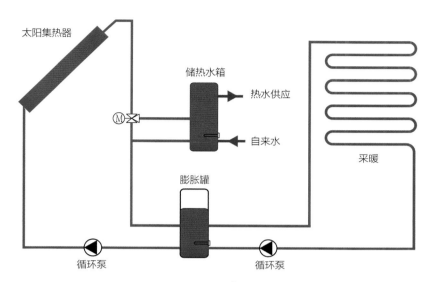

图 14-1 系统原理图

系统原理说明：

　　生活热水加热循环采用温差循环控制，当集热器与生活储热水箱温度差值达到设定值时，集热循环泵启动，进行集热循环；当集热器与储热水箱温度差值低于设定值时，集热循环泵停止。当生活储热水箱温度达到设定值时，电动三通阀自动切换至采暖循环。采暖循环也采用温差循环控制，当集热器与膨胀罐内传热工质温度差值达到设定值时，采暖循环泵启动，进行采暖；当集热器与膨胀罐内传热工质温度差值小于设定值时，采暖循环停止。当太阳能系统得热量不能满足使用要求时，辅助电加热自动启动，对系统进行热量补给。

图 14-2 集热器安装与建筑景观图

15 西安西岸国际花园
——平板型阳台壁挂式太阳能热水器

【项目概况】 西安西岸国际花园是由中铁置业集团在西安市浐灞生态区开发的一个适居社区，占地约 200 亩（约 13.3 万 m^2 ），规划地上建筑面积 21 万 m^2，住宅 1820 套。建筑为高层斜屋面，生活热水采用平板型阳台壁挂式太阳能热水器，辅助热源为电加热。

每户配置平板集热器面积 1.6 m^2，热水箱容积为 80L，系统采用夹套水箱间接式强制循环加热，传热工质为防冻液。

【案例特点】 装饰性斜屋面的高层建筑与阳台壁挂式太阳能热水器配合，使得太阳能与建筑结合协调美观；平板集热器用于阳台壁挂式太阳能热水器，较安全可靠；夹套水箱间接式强制循环加热，较好地解决了集热系统的防冻及结垢问题。

【建设单位】 陕西中产置业有限公司

【建设地点】 西安市浐灞生态区新灞路

【设计施工】 广东五星太阳能股份有限公司

【专家点评】 适当选择水箱的放置位置，系统则具备自然循环的条件，采用自然循环方式，系统的可靠性会更高。应严格控制电辅助加热的启动时段，以免对太阳能的利用产生过大的影响。

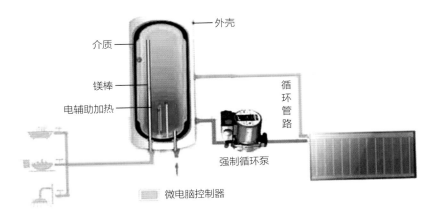

图 15-1　系统原理图

图 15-2　太阳能与建筑景观图

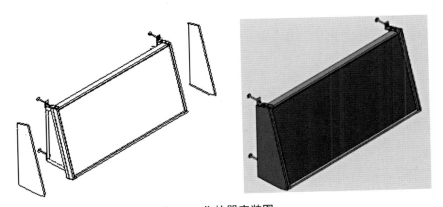

图 15-3 集热器安装图
（集热器支架处采用封板设计，其结构更结实、美观）

16 昆明江南水乡海韵游泳馆
——建筑构件化太阳能集热器屋面

【**项目概况**】江南水乡海韵游泳馆建成于 1999 年，是我国最早的建筑构件化太阳能游泳馆。江南水乡是一个集休闲、度假、娱乐、会务于一体的项目，其海韵游泳馆属于配套设施，游泳馆水面面积约 400m²，集热器面积约 650m²。

【**案例特点**】采用太阳能建筑构件化结构，即用建筑构件化集热器作为建筑屋面覆盖层，在满足太阳能集热功能的同时，起到了屋面覆盖层保温隔热、遮风避雨的作用。相邻集热器阵列之间的不等边水槽，具有支承集热器、构成检修通道和集水槽等三重功能。

【**建设单位**】江南水乡度假村
【**建设地点**】云南省昆明市西山区
【**设计施工**】云南鼎睿能源科技有限公司，云南一通太阳能科技有限公司
【**技术支持**】昆明理工大学太阳能工程研究所

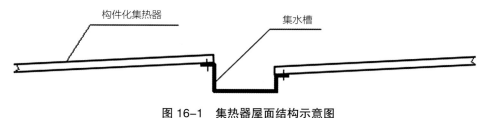

图 16-1　集热器屋面结构示意图

图 16-2　游泳馆屋顶支承结构

图 16-3　游泳馆外景

图 16-4　游泳馆内景

17 昆明理工大学呈贡校区第二批学生社区
——斜屋面平板型太阳能与建筑一体化

【项目概况】本项目建设完成于 2009 年 10 月，为昆明理工大学呈贡新区第二批学生宿舍，包括 A 院、B 院、C 院、D 院、E 院、F 院及公共浴室。安装铜铝复合平板太阳能集热器（2m²/ 块）5722m²，保温水箱 548m³，采用空气源热泵作为辅助加热。

【案例特点】建筑为坡屋面，为便于集热器的安装，在坡屋面上设置了反梁，且反梁高于屋面瓦，由反梁支承集热器阵列，如此使得太阳能集热系统与建筑的结合既协调、美观，又各自相对独立，互不影响。

【建设单位】昆明理工大学
【建设地点】昆明市景明南路
【设计施工】云南省玉溪市太标太阳能设备有限公司
【项目性质】昆明市国家可再生能源建筑应用示范项目

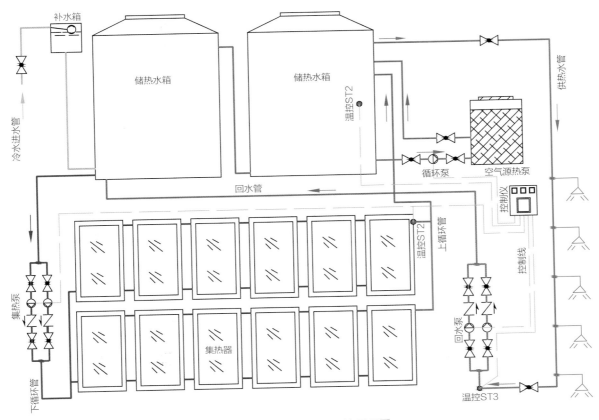

图 17-1 太阳能热水系统原理图

图 17-2 太阳能集热系统与建筑的结合效果图

18 云南西双版纳勐捧制胶厂
——太阳能辅助天然橡胶干燥系统

【项目概况】项目建设于 2012 年 9 月。天然橡胶需要在 100~120℃的气流条件下干燥约 2 小时。总体上，我国橡胶干燥生产自动化程度低，热效率较低，能源消耗过大，一般热效率只在 40%~60%之间。因此，具有很大的降低能源消耗的潜力。本项目在云南省科技计划项目的支持下，针对目前我国天然橡胶干燥生产线自动化程度低、能源效率低下的情况，研究开发一种太阳能辅助天然橡胶干燥系统。该技术用于西双版纳勐捧二胶厂乳标胶生产线节能改造，安装太阳能建筑一体化空气集热器 1860m²，使得橡胶干燥的煤耗降低了 40%以上，动力能耗降低了 30%以上。

本项目技术包括太阳能建筑一体化空气集热技术、燃煤热风炉的自动控温技术、新型天然橡胶干燥系统技术等，其特点是：①"太阳能建筑一体化空气集热技术"，改变了传统空气集热器采用单体集热器连接成集热器阵列的方式，成为一个整体式结构，具有空气流动阻力小、流体分布均匀、热效率高的特点。②"燃煤热风炉的自动控温技术"，对燃煤热风炉的烟道抽风机采用变频调速，通过调节烟气流量的大小进而调节进入煤燃烧室的通风量，间接调节被加热的空气温度。③"新型天然橡胶干燥系统技术"，采用控制尾气排放温度、湿度的方式，并将部分尾气回收利用，加之太阳能的应用，大幅度降低了橡胶干燥的能耗。

【案例特点】①整体集成式集热器，流道通畅，避免流体流动分布不均匀的情况。②建筑一体化形式，与车间屋面建筑良好结合，如此不影响建筑功能，也不影响建筑形象。从高处往屋面看，集热器形似斜置的玻璃幕墙，美观漂亮。③根据集热器内的温度分布情况，在低温段采用单层钢化玻璃盖板，透光率较高，在高温段采用双层钢化玻璃盖板，减小热损失。④太阳能吸热板的吸收膜采用阳极化光谱选择性材料，在保证较高太阳能光谱吸收率的前提下，降低自身的远红外发射率。⑤吸热板采用条状百叶窗形式，置于集热器断面中部，形成上下连通、双面换热,提高热效率。⑥在风道中采取扰流措施,促进传热,提高热效率。⑦采用模糊控制模式,通过控制燃煤热风炉的引风机转速控制其热风加热温度,实现了燃煤热风炉(人工加煤)的自动控制。⑧对干燥柜的温度分布、废气排气温度和湿度进行自动控制。

【建设单位】 西双版纳勐捧制胶厂

【建设地点】 西双版纳勐腊县勐捧镇

【设计施工】 云南鼎睿能源科技有限公司

【技术支持】 昆明理工大学太阳能工程研究所

【项目性质】 云南省科技计划项目

【专家点评】 项目在干燥系统的改造、太阳能空气集热系统的研究开发方面有诸多改进,值得参考借鉴。另外,其整体式空气集热器也可以作为建筑构件,兼作屋面覆盖层。

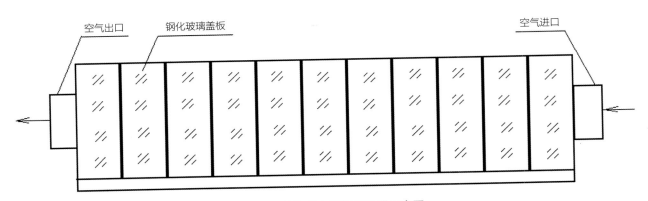

图 18-1　整体式太阳能集热器示意图

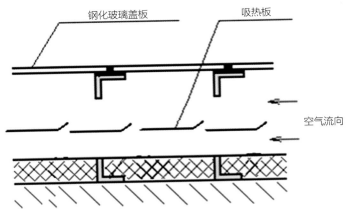

图 18-2　太阳能集热器纵剖面示意图

图 18-3　太阳能集热器照片（1860m²）

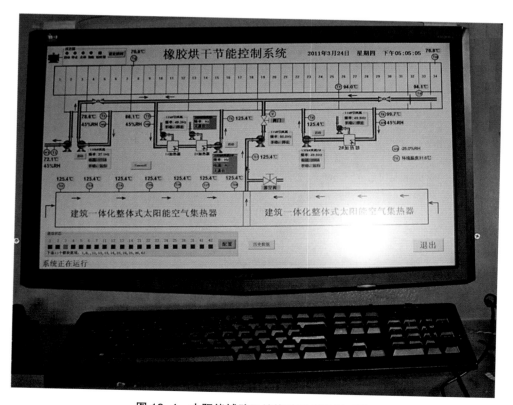

图 18-4　太阳能辅助天然橡胶干燥控制系统

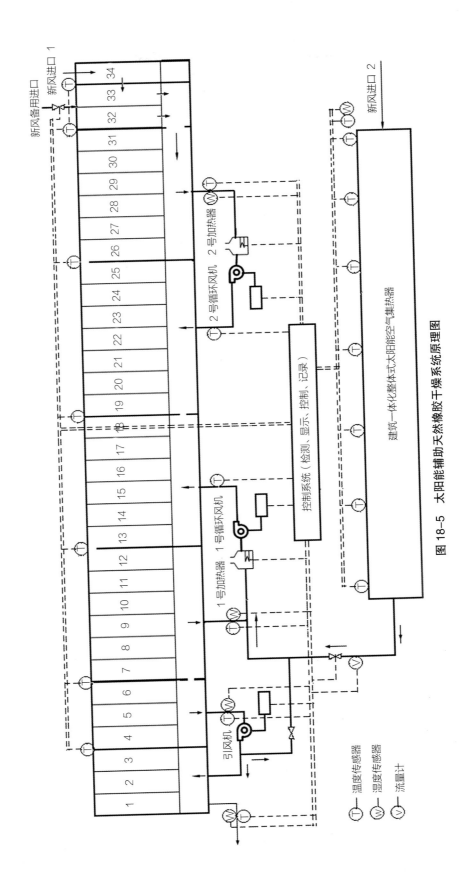

图18-5 太阳能辅助天然橡胶干燥系统原理图

19 昆明星耀水乡垂钓俱乐部
——建筑构件化太阳能屋面

【项目概况】 昆明星耀水乡垂钓俱乐部建于 2012 年，项目包括服务中心（带餐饮）和别墅式休闲客房两部分，属于高端休闲娱乐项目，对采暖和热水供给要求较高。鉴于当地太阳能资源丰富，且项目建于垂钓池塘旁边，具有丰富的地表水资源，因此设计采用水源热泵辅助太阳能热水系统，统筹解决采暖和卫生热水供给的问题。

为保证远端垂钓别墅热水供给的正常水压，同时避免用水点因放弃冷水才能用到热水的水资源浪费，热水供给系统配置了增压系统和回水系统。

【案例特点】 太阳能与水源热泵结合提供热源；热水供给与地板辐射采暖结合；构件化太阳能集热器阵列，在满足集热功能的同时，替代建筑屋顶覆盖层，起到遮风避雨、保温隔热的作用；在热水箱处于高于集热器位置的条件下，通过设置低位控制水箱，实现了系统排空防冻的功能。

【建设单位】 昆明星耀（国际）俱乐部有限公司
【建设地点】 昆明市嵩明县杨林镇嘉丽泽
【设计施工】 云南鼎睿能源科技有限公司
【技术支持】 昆明理工大学太阳能工程研究所
【项目性质】 昆明市国家可再生能源建筑应用示范项目
【专家点评】 进行太阳能与建筑一体化设计，太阳能集热器兼作建筑屋面覆盖层，热水箱隐藏在建筑装饰性的阁楼中，很好地解决了太阳能与建筑的结合问题；在辅助热源的选择方面，因地制宜地利用了丰富的地表水资源；由于太阳能系统仅在白天集热，而采用低温辐射地板采暖，地板本身具有很好的储热功能，太阳能热水系统与地板采暖成为良好的组合。

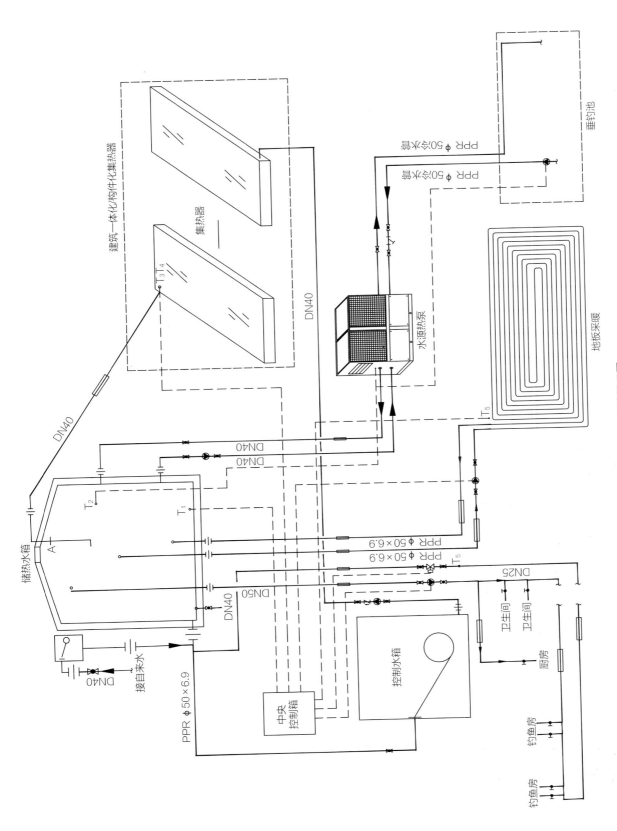

建筑一体化构件化集热器

集热器

T₃T₄

DN40

DN40

储热水箱

A

T₂

T₁

DN40

DN40

DN50

DN40

接自来水

DN40

PPR φ50×6.9

中央控制箱

控制水箱

PPR φ50×6.9

PPR φ50×6.9

DN25

卫生间

卫生间

厨房

钓鱼房

钓鱼房

水源热泵

PPR φ50冷水管

PPR φ50冷水管

垂钓池

地板采暖

T₅

T₅

图 19-1　系统原理图

系统原理说明：

　　在上循环管进入水箱处开一小孔 A 作为进气孔，可使处于高位的集热器中的水排至处于低位的控制水箱中，实现排空防冻；热水箱中下部处于中低温的水用于低温地板采暖，处于上层的热水优先供给卫生沐浴使用；热水供给采用增压泵实现增压供水。

图 19-2　建筑构件化集热器背面

图 19-3　建筑构件化集热器屋面

图 19-4　热水箱和热泵隐藏在楼梯间上方的阁楼中

20 云南省警卫局宿舍
——斜屋面真空管太阳能与建筑一体化

【项目概况】该项目建于 2008 年，建筑地处昆明市广福路省委大楼正对面，因此对建筑物的外观及太阳能系统的要求较高。鉴于此，在建筑与太阳能热水系统的设计时，充分考虑了太阳能与建筑结合的美观协调、太阳能热水系统的适用性等。在施工时，在屋面防水工程完工后就开始安装太阳能系统。当太阳能系统安装完毕后才开始铺设瓦面，且瓦面颜色与太阳能系统相近，这样太阳能完全与建筑物成为一个整体。

建筑用水要求每天 24 小时供热水，配置空气源热泵为辅助热源，全天候提供热水。设计用水人数 120 人，日供热水 8m³，配置真空管 800 支（规格：φ58mm×1800mm），热水箱 8m³，空气源热泵输出功率 47.88kW。

【案例特点】建筑斜屋面做防水层及保护层，安装太阳能集热器预埋件，进行真空管太阳能集热系统安装，在空处安装屋面瓦。这样太阳能集热器安装高度较低，贴合于斜屋面，且颜色与斜屋面一致，容易使太阳能系统融入建筑。热泵机组与水箱隐藏于屋面角落，水箱位置较高，利用自然压力供热水。

【建设单位】云南省警卫局
【建设地点】昆明市广福路
【设计施工】昆明清华阳光太阳能工程有限公司

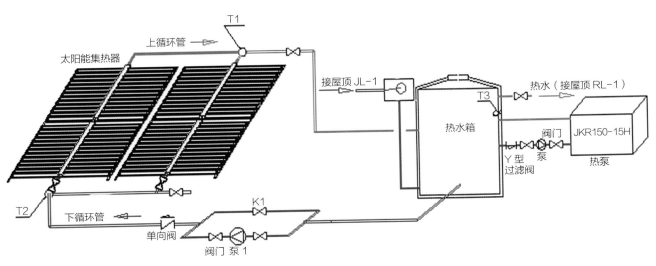

图 20-1　太阳能热水系统原理图

系统原理说明：

　　太阳能系统采用温差控制循环；当热水箱中温度达不到要求时自动启动热泵加热；遇长时间停电时，手动打开供水阀 K1，以保护系统。

图 20-2　太阳能与建筑结合

21 云南丽江市人民医院住院部
——太阳能与建筑一体化

【项目概况】该建筑为丽江纳西族风情公共建筑，地上 6 层框架结构，坡顶瓦屋面，外墙线条极具现代感，单体建筑面积 7500m²。太阳能热水系统用于提供医院病房及办公区域日常用热水，设计日供热水量 50m³。辅助加热为空气源热泵和电加热。

【案例特点】斜屋面太阳能与建筑一体化，太阳能集热器紧贴瓦屋面安装，布纹钢化玻璃盖板，集热器与屋面瓦色彩相近，整体协调、美观；采用工质循环，板式换热器间接加热，有效解决防冻问题；采用空气源热泵作为辅助热源，节能显著，考虑到极端寒冷的天气，增加了电加热，提高热水的保障性。

【建设单位】丽江市人民医院
【建设地点】云南省丽江市人民医院
【设计施工】云南一通太阳能科技有限公司
【项目性质】国家可再生能源建筑应用示范项目

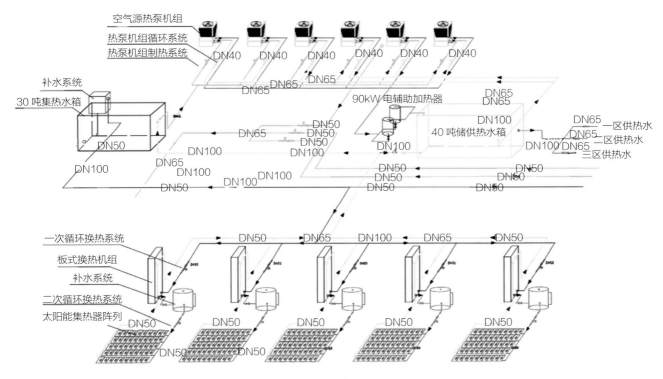

图 21-1　太阳能系统原理图

系统原理说明：

　　项目由太阳能集热系统、热泵辅助加热系统（特殊天气电辅助加热）、供热水系统、回水系统组成。太阳能集热循环二次回路为闭式强制循环，循环介质为防冻液，冰点为 -10℃；一次回路为开式强制循环，循环介质为生活用水；一二次回路间用板式换热器换热；系统运行方式为定时 + 温差方式运行。当供热水箱水位不足时，启动补水；当供热水箱水温达不到设定温度时，热泵加热系统启动。当环境温度低于 5℃，且热泵加热水温达不到设定温度时启动电辅助加热。全部辅助加热投入运行时设延时启动控制，以减少对主电路的冲击。回水控制采用定时 + 温度 + 延时模式控制。

图 21-2　太阳能与建筑实景图

22 昆明云秀书院太阳能浴室
——太阳能与建筑一体化

【项目概况】项目建设于 2009 年 11 月。昆明云秀书院属于昆明市官渡区第一中学校区。太阳能热水工程用于学生食堂和公共浴室，建筑为斜屋面形式。学校是陶冶学生美好情操的场所，因此太阳能热水系统的设计、安装需考虑太阳能设备对建筑形象的影响。本项目选用分体承压平板太阳能间接系统，采用可作为坡屋顶的建筑构件型集热器，嵌入屋面安装，与建筑结合为一体。

学校食堂及公共浴室对热水需求量较大，为保障热水供给，需考虑辅助能源。本项目选用空气源热泵作为辅助能源，并采用双水箱设计，以便充分利用太阳能资源。

【案例特点】选用可作为坡屋顶的建筑构件型集热器，外观、色彩、比例尺度与建筑协调，且具有集热、保温、隔热功能，同时能与建筑结合为一体，美观大方，自然协调。采用双水箱设计，太阳能水箱与供热水箱串联连接。太阳能系统作为整个热水系统的预热前端，将集热器所收集的热量储藏在太阳能水箱。由空气源热泵机组对供热水箱继续加热至所需温度。相对于单水箱热水系统，双水箱设计可减少空气源热泵机组的运行时间，能够最大限度地利用太阳能资源，降低了系统运行费用，提高了热水系统的使用舒适度，达到较好的节能效果。

【建设单位】官渡区国有资产投资经营有限责任公司
【建设地点】昆明市官渡古镇
【设计施工】昆明新元阳光科技有限公司

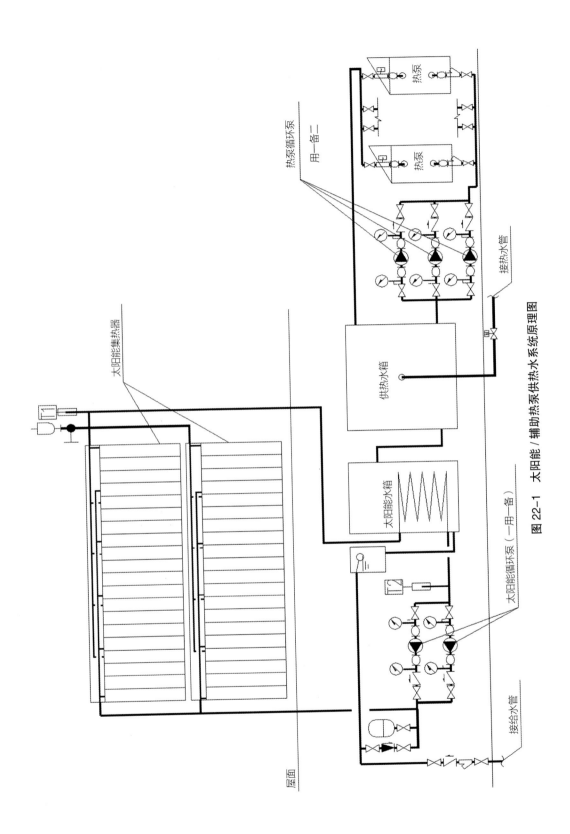

图22-1 太阳能/辅助热泵供热水系统原理图

系统原理说明：

　　安装于屋面的集热器收集太阳能并将其转换成热能，采用盘管换热方式，把热能储存太阳能水箱内，太阳能水箱与供热水箱串联，由空气源热泵机组继续对供热水箱加热至设计温度，为食堂及公共浴室提供合乎要求的热水。

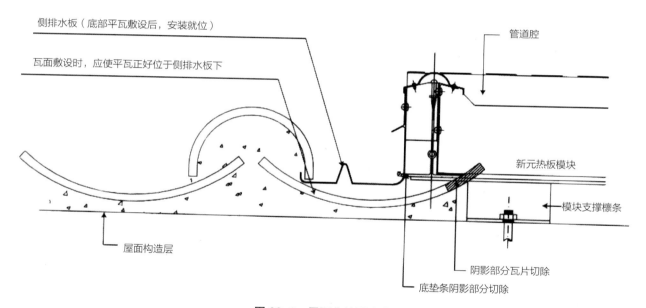

侧排水板（底部平瓦敷设后，安装就位）

管道腔

瓦面敷设时，应使平瓦正好位于侧排水板下

新元热板模块

模块支撑檩条

屋面构造层

阴影部分瓦片切除

底垫条阴影部分切除

图 22-2　屋面集热器安装节点图

图 22-3 太阳能集热器阵列与建筑实景图

23 云南丽江市一中学生公寓
——真空管太阳能与建筑一体化

【项目概况】 项目建设于 2011 年 8 月，包括学生公寓南院和北院。设计为 8 个独立的空气源热泵辅助太阳能供热水系统，项目配置 9600 支真空管太阳能集热器。太阳能集热系统采用直接式强制循环，供水采用上行下给方式。供水末端设置回水管，保证管道内的水温恒定在设计范围内。

【案例特点】 建筑为传统斜屋面，真空管集热器依建筑南坡面布置，与建筑形式相协调；集中式储热水箱和热泵设备设置专用平台安置，既安全又不影响建筑形象；系统采用双水箱型式，一个对应太阳能循环，一个对应热泵循环，有效避免了两种热源相互冲突，保障太阳能系统高效运行；整个系统采用时段、光感、温差等多种方式控制，实现自动化运行。

【建设单位】 丽江市第一高级中学
【建设地点】 丽江古城东郊
【设计施工】 云南东方红节能设备工程有限公司
【项目性质】 国家可再生能源建筑应用示范项目

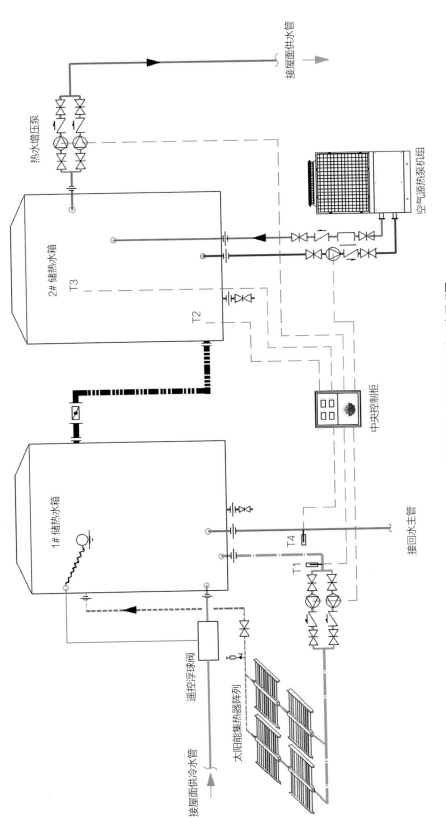

图 23-1　太阳能辅助空气源热泵双水箱系统原理图

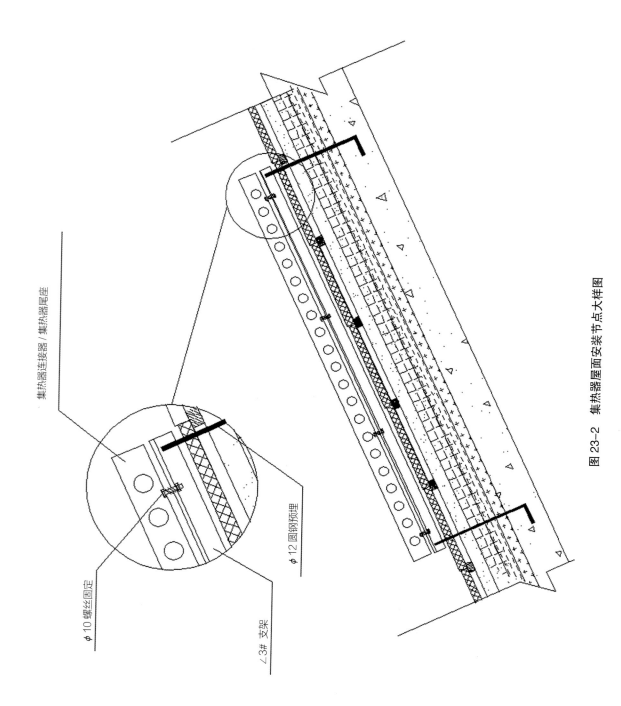

集热器连接器 / 集热器尾座

φ10 螺丝固定

∠3# 支架

φ12 圆钢预埋

图 23-2　集热器屋面安装节点大样图

图 23-3 太阳能热水系统安装与建筑实景

图 23-4 双水箱及热泵设备安置平台实景

24 云南滇西明珠花园酒店
——建筑构件化太阳能集热器屋面

【项目概况】滇西明珠花园酒店建于 2004 年 4 月，是一家五星级酒店。酒店地处云南丽江古城旅游胜地，需考虑太阳能设备对建筑形象的影响。鉴于此，本项目选用分体承压平板太阳能与电辅助联合供热系统，保温水箱及相关设备均放置于设备间内，不影响酒店外立面形象，并采用可作为坡屋顶的建筑构件型集热器，嵌入屋面安装，实现了太阳能与建筑的有机结合。

【案例特点】本项目选用可作为坡屋顶的模块化建筑构件型集热器，可以嵌入斜屋面安装，与传统建筑斜屋面复合共同构成建筑屋面，同时还具有集热、保温、隔热功能，其具有的刚度、强度在檩条跨距 3m 内，能承受安装检修人员体重，不产生永久变形。

【建设单位】丽江德诚房地产开发有限公司

【建设地点】云南省丽江市

【设计施工】昆明新元阳光科技有限公司

【项目性质】国家发改委、联合国基金会太阳能热利用示范和跟踪检测项目

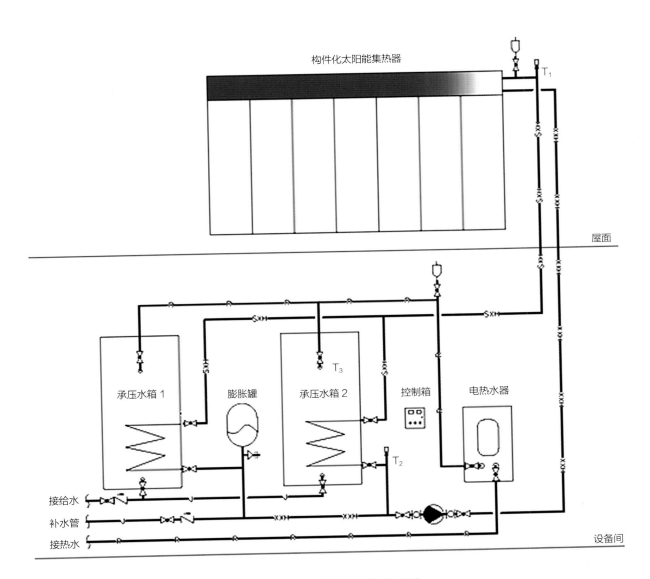

图 24-1 太阳能热水系统原理图

系统原理说明：

　　太阳能热水系统主要由太阳集热系统（制备生活热水）、电气控制系统、电热水器保障供热系统三部分构成。太阳能集热器收集太阳能并将其转换成热能，经过水箱内置盘管换热，将热能储存到承压水箱内，当热水供水温度低于设定值时，电热水器自动启动加热。

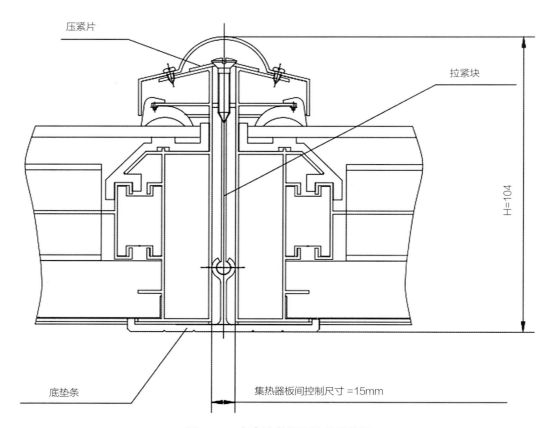

图 24-2　相邻集热器间连接结构图

压紧片

拉紧块

H=104

底垫条

集热器板间控制尺寸 =15mm

图 24-3　集热器安装效果图

图 24-4　构件化集热器背面

25 昆明市呈贡区公务员小区
——光伏驱动建筑一体化太阳能热水器

【项目概况】项目位于昆明市呈贡新区，建设于 2012 年 8 月，占地 3534.64 亩（235.64 万 m^2），建筑类型为多层建筑、联排别墅和双拼别墅，建筑面积 235.78 万 m^2。其中多层建筑 8196 户，联排别墅 2448 户，双拼别墅 316 户。多层建筑为平屋面建筑，采用普通直插紧凑式每户 30 管的真空管太阳能热水器。联排别墅屋顶形式下檐为坡屋面、上檐为凹槽平顶（便于安放保温水箱），双拼别墅屋顶形式为坡屋面，保温水箱藏于坡屋面下、卫生间上方的预设平台上。系统循环方式为强制循环，分别采用每户 40 管和每户 50 管分体式建筑一体化真空管太阳能热水器，光伏水泵驱动。

【案例特点】利用光伏微型水泵驱动家用分体式太阳能热水器，省去了传统市电驱动的配电、控制装置，节约能源、降低成本，提高了系统的可靠性，消除了对于市电的依赖。特别是太阳能系统产热、发电同步运行，当太阳辐射强烈时，系统产热多，光伏水泵运行强度大；反之当太阳辐射弱时，系统产热少，光伏水泵运行强度减小直至停止，有利于提高太阳能系统的热效率。

【建设单位】昆明市机关事务管理局
【建设地点】云南省昆明市呈贡区
【设计施工】昆明恒宇惠源科技有限公司
【项目性质】昆明市国家可再生能源建筑应用示范项目

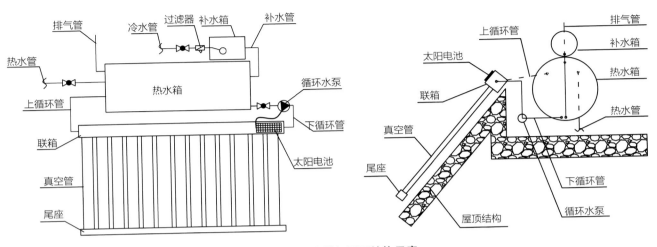

图 25-1　热水器与屋面结构示意

图 25-2　集热器、光伏电池及水箱

图 25-3　太阳能与建筑一体化效果图

26 昆明思兰雅苑小区
——斜屋面紧凑式太阳能热水器

【**项目概况**】昆明思兰雅苑住宅小区建于 2009 年 9 月，其中部分为坡屋面别墅式建筑（独栋、联排），共 277 户，每户安装一套太阳能热水器，满足小区住户日常生活用水需求。为与建筑相协调，采用平板式紧凑型家用太阳能热水系统。

【**案例特点**】建筑为坡屋面，为便于与建筑协调，采用平板式紧凑型家用太阳能热水系统，储热水箱设计为方形，并涂成与瓦屋面基本一致的红色，显得新颖别致、美观协调。

【**建设单位**】云南泰兴房地产开发有限公司
【**建设地点**】昆明市经济技术开发区
【**设计施工**】云南省玉溪市太标太阳能设备有限公司

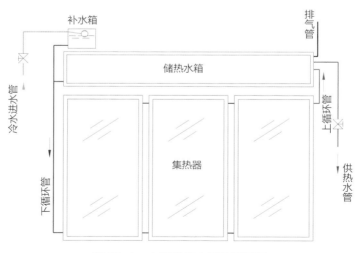

图 26-1　太阳能热水系统原理图

图 26-2 太阳能热水系统安装效果图

27 云南财经大学游泳馆
——平屋面太阳能与建筑一体化

【项目概况】云南财经大学游泳馆建成于 2012 年，设置一个 50m×21m×1.8m 标准游泳池。采用空气源热泵辅助太阳能热水系统，全天候提供泳池加热和沐浴热水。太阳能集热面积 1900m²，热泵输入功率 331kW，输出功率 973kW，可保证泳池的恒温及沐浴热水用水需求。

【案例特点】根据泳池特点，池水加热采用无盖板胶管集热器，此类集热器耐腐蚀、成本低，适合于低温应用。沐浴用水因水温要求较高，采用特制的适合于平屋面应用的建筑一体化平板集热器。两种集热器均紧贴屋面安装，与屋面构成浑然一体的建筑一体化效果。辅助能源采用空气源热泵，特别是泳池加热采用泳池专用热泵，能效较高。

【建设单位】云南财经大学
【建设地点】昆明市龙泉路
【设计施工】云南鼎睿能源科技有限公司
【技术支持】昆明理工大学太阳能工程研究所
【项目性质】昆明市国家可再生能源建筑应用示范项目

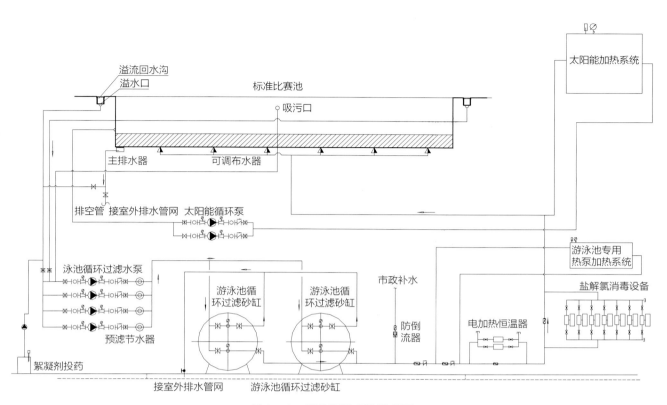

图 27-1 泳池恒温系统原理图

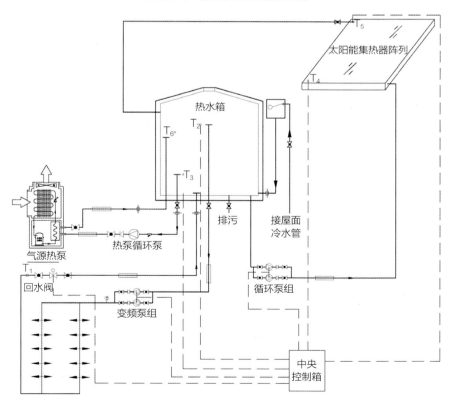

图 27-2 沐浴热水系统原理图

图 27-3　游泳馆外景

图 27-4　建筑一体化平板集热器阵列

图 27-5　屋面无盖板软管集热器

28 北京平谷区将军关新农村
——建筑一体化太阳能采暖系统

【项目概况】本项目建设于 2005 年。将军关新农村是北京平谷区委、区政府为提高农民收入和改变农村现状、保护当地自然环境、改善农民居住生活条件而开展建设的，属于国家发改委、联合国基金会太阳能热利用示范和跟踪检测项目。系统以节能减排、经济适用为原则，选用分体承压式平板太阳能热水系统，联合电加热及煤炉保障供热系统，解决居民全年生活热水需求和冬季采暖问题，提高居民生活的质量，具有节能、经济、洁净的特点。

将军关新村属于新农村改造建筑，为两层南北朝向双坡屋顶民宅，具有北方山村自然特色。设计、安装太阳能热水系统时，需考虑系统的运行能耗及太阳能设备对建筑形象的影响。鉴于此，太阳能系统采用分体承压式间接换热系统，保温水箱放置在室内，采用可作为坡屋顶的建筑构件型集热器，嵌入屋面安装，太阳能设备不影响建筑外立面效果，同时能与建筑很好地结合，使建筑更加美观大方。

【案例特点】本项目选用可作为坡屋顶的建筑构件型平板集热器，外观、色彩、比例尺度与建筑协调，且具有集热、保温、隔热功能；同时能与建筑有机结合，达到了太阳能建筑一体化的效果。项目选用低温热水地板辐射采暖方式，比常规采暖方式节能 25% 以上，具有均匀稳定舒适的供暖效果。

【建设单位】北京市平谷区将军关新村
【建设地点】北京市平谷区将军关新村
【设计施工】昆明新元阳光科技有限公司
【项目性质】国家发改委、联合国基金会太阳能热利用示范和跟踪检测项目

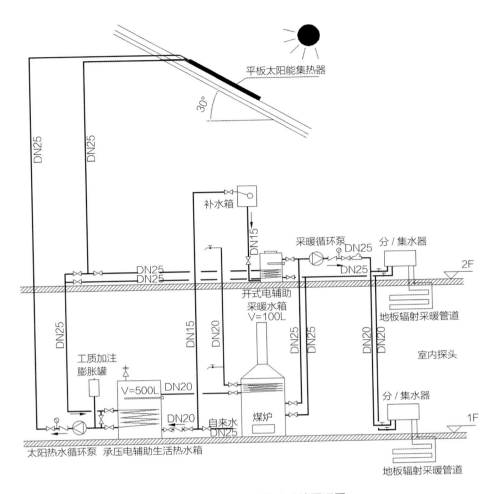

图 28-1　太阳能热水系统原理图

系统原理说明：

太阳能热水及采暖系统主要由太阳集热系统（制备生活热水及采暖热水）、太阳热水采暖（低温热水地板辐射供暖）系统、电气控制系统、保障系统（由电加热和燃料设备组成）四部分构成。

（1）非采暖期：太阳能集热器收集太阳能并将其转换成热能，通过盘管换热方式，将热能换到500L保温水箱（供应生活热水）内，在太阳辐射不佳及热水需求量较大的情况下，联合电加热及煤炉保障供热系统，提供村民日常生活热水。

（2）采暖期：太阳能集热系统所收集的热能，不仅作为生活热水的热源，同时通过盘管换热方式，被带到采暖水箱（供应地板采暖）内，地板采暖系统运行时，如果地暖盘管内的温度小于设定值，采暖循环泵启动，当盘管内的温度大于等于设定值时，循环泵停止运行。在采暖热量需求较大的情况下，启动电加热及煤炉保障供热系统，为居民提供舒适、洁净、安全的供暖方式。

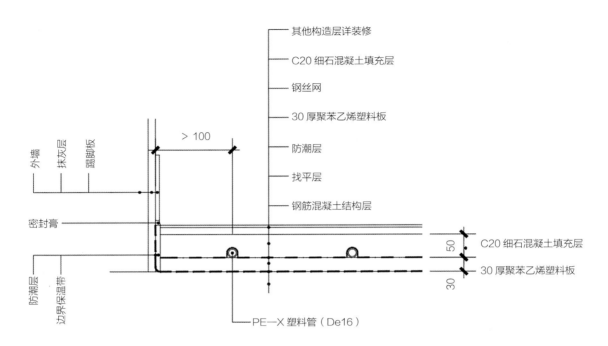

其他构造层详装修

C20 细石混凝土填充层

钢丝网

30 厚聚苯乙烯塑料板

防潮层

找平层

钢筋混凝土结构层

> 100

外墙　抹灰层　踢脚板

密封膏

防潮层　边界保温带

C20 细石混凝土填充层

30 厚聚苯乙烯塑料板

PE—X 塑料管（De16）

50

30

图 28-2　室内地暖管铺设地面构造示意图

图 28-3　室内地暖管布置图

图 28-4　建筑一体化太阳能集热器安装效果图

图 28-5　北京市平谷区将军关新村实景图

29 昆明新亚洲体育城
——太阳能与斜屋面建筑一体化

【项目概况】昆明新亚洲体育城建成于 2006~2010 年，净用地约 2000 余亩（约 133 万 m²），总建筑面积约 200 万 m²。包括大规模体育运动场馆设施区（体育馆、国际网球中心、国际标准田径赛场等）、居住人口达 4 万人的高品质住宅群、新型独立别墅商务办公区、120 亩（8 万 m²）餐饮娱乐购物步行街和 120 亩（8 万 m²）云大附中新校区等。

大部分住宅建筑为退台式多层斜屋面建筑，另外还包括少量别墅建筑和高层建筑。本案例是其中多层建筑的太阳能建筑一体化应用工程。

【案例特点】进行太阳能与斜屋面建筑一体化设计，热水箱隐藏到屋脊下，不影响建筑外观，系统实现自然循环，采用承压热水箱。当建筑朝向不理想（如东西向建筑）时，集热器可以在斜屋面双向设置，仍然可以获得比较好的集热效果。

【建设单位】昆明星耀集团实业有限公司
【建设地点】云南省昆明市彩云北路
【设计施工】云南鼎睿能源科技有限公司，云南一通太阳能科技有限公司
【技术支持】昆明理工大学太阳能工程研究所
【项目性质】昆明市 2007 年度科技计划项目
【专家点评】由于建筑的退台式结构和屋面装饰结构，使得斜屋面集热器的安装受到限制，可能导致每户集热器的配置偏小。

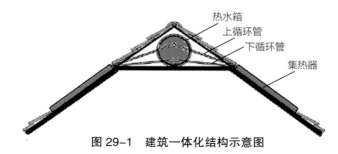

图 29-1　建筑一体化结构示意图

图 29-2　安装图

图 29-3　整体太阳能与建筑一体化安装效果图

30 中泰合作太阳能示范工程
——建筑一体化零能耗建筑

【项目概况】项目为中华人民共和国科技部国际科技合作与交流项目。项目旨在展示中国太阳能利用技术，合作开发研究新能源利用技术。

建筑为两栋坡屋顶与平屋顶结合的建筑。项目要求建筑的能源供给具备自给自足的能力，在不对建筑进行市政供电的情况下，建筑能源系统可实现日常供电、供热水及空调供给的功能。

系统配置空气源双向式热泵作为辅助热源。所谓双向式热泵，即在为房间提供空调冷气供给的同时，为热水系统提供热量供给，"冷"与"热"的不平衡部分则从空气中补充。在泰国的气候条件中使用，其使用效率较高，综合能效可达6.5以上，是一种很好的应用模式。

太阳能热水系统分为集中式建筑一体化、建筑构件化和三种家用型模式。建筑一体化集热器与完成施工的斜屋顶采用同一倾角，紧贴屋面安装，达到集热器与建筑的和谐统一；建筑构件化集热器直接作为整套系统设备间的屋顶使用，同时具备集热与屋顶的功能；家用热水器分为三种型式，即斜屋面紧凑型、斜屋面分离式和平屋面型。

系统供热末端配置了回水系统，达到末端即开即热的供水效果；热水供水为变频供水方式，供水压力与冷水水压一致。

【案例特点】项目展示了适合于泰国应用的多种太阳能光热系统技术、光伏发电系统技术和热泵式空调技术。独具特色的是光热与光伏结合的零能耗建筑，建筑构件化太阳能集热系统和先进的双向应用的热泵系统。

【建设单位】泰国阿育塔雅大学

【建设地点】泰国阿育塔雅大学

【设计施工】云南鼎睿能源科技有限公司

【技术支持】昆明理工大学太阳能工程研究所

【项目性质】中泰合作项目，建设资金由中国政府承担

1- 太阳能光伏电池阵列；2- 集中式建筑一体化集热器阵列；3- 集中式建筑构件化集热器阵列；4- 斜屋面紧凑式太阳能热水器；5- 斜屋面分离式
太阳能热水器；6- 平屋面紧凑式太阳能热水器

图 30-1　项目全景图

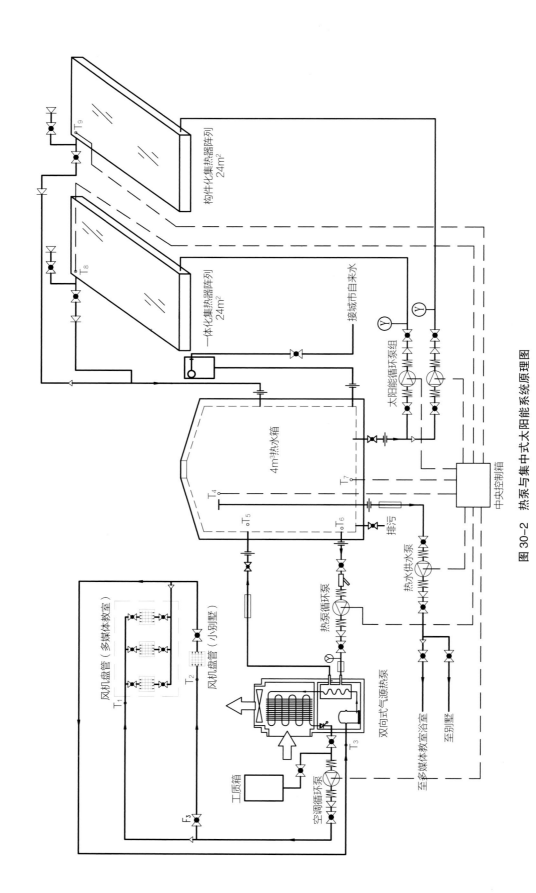

图30-2 热泵与集中式太阳能系统原理图

图 30-3　建筑构件化集热器阵列
（直接用太阳能集热器作为建筑屋顶覆盖层）

图 30-4　同时输出"热量"和"冷量"的热泵式空调主机和热水箱

31 西藏岗巴边防部队二营
——高寒地区太阳能采暖工程

【项目概况】 项目建设于 2003 年，总采暖面积为 2837.5m²。西藏虽然从地理上来讲属于南方，但由于海拔高，气候特征属于高寒地区。西藏的天气具有"十里不同天"、"一天有四季"的特点，为改善军营生活居住条件，结合西藏太阳能资源丰富、常规能源十分稀缺的特点，采用太阳能与燃油锅炉系统，保障军营采暖及供应热水。

西藏地区虽太阳资源丰富，但气温偏低、气候条件恶劣、昼夜温差大。项目选用防冻液作为传热工质，且太阳能循环管道及相关设备均有防冻保温措施，可以避免太阳能热水系统相关设备在冬季被冻坏。另外，燃油锅炉作为辅助能源，能够保障在极端恶劣天气条件下，仍能为部队提供生活热水和地板采暖。

部队营房为防积雪采用双坡屋面形式，平板集热器不宜直接安装于屋面。为此，采用方钢管材料，把平板太阳能集热器统一架高，安装于营房上方。

【案例特点】 采用太阳能与燃油锅炉供热，平板太阳能集热器，防冻工质循环，热水供应与地板辐射采暖结合。根据部队营房屋面结构特点，因地制宜，采用方钢管作为集热器支架，将平板太阳能集热器统一架高，安装于营房上方，集热器充分收集太阳能资源，既具备相应的抗风、抗积雪能力，又不破坏营房的防积雪双坡屋面结构。

【建设单位】 西藏军区岗巴边防二营
【建设地点】 西藏岗巴
【设计施工】 昆明新元阳光科技有限公司

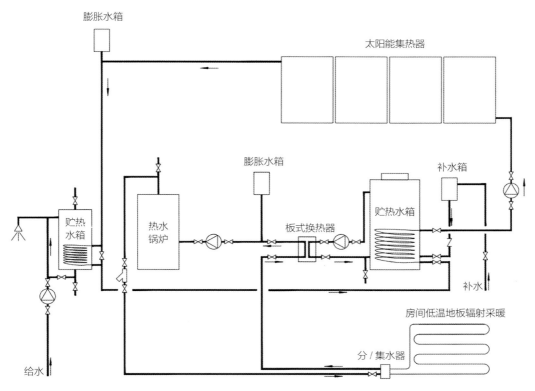

图 31-1　太阳能与辅助热水锅炉采暖及供热水系统原理图

系统原理说明：

　　太阳能集热系统选用特制全铝平板太阳集热器，收集太阳能并将其转换成热能，通过盘管换热方式（传热介质采用乙二醇防冻液），将热能储于热水箱内；阴雨天或太阳辐射较弱，联合燃油热水锅炉保障供热。

图 31-2　太阳能集热器阵列与建筑实景图

图 31-3　部队营房内地暖管布置图

32 云南大学新校区一期学生公寓
——真空管太阳能与建筑一体化

【**项目概况**】项目建设于 2012 年 3 月，包括学生公寓、食堂及公共浴室。每栋学生公寓设置独立的集中式太阳能供热水系统；食堂及公共浴室采用集中式太阳能辅助热泵供热水系统。真空管集热器安装于斜屋面之上，储热水箱安装于屋顶夹层内，太阳能集热系统采用直接式强制循环。

【**案例特点**】建筑为传统斜屋面，真空管集热器依建筑南坡面布置，与建筑形式相协调；集中式储热水箱和热泵设备安置于屋顶夹层内，既安全又不影响建筑形象。

【**建设单位**】云南大学

【**建设地点**】云南大学呈贡新校区

【**设计施工**】云南东方红节能设备工程有限公司

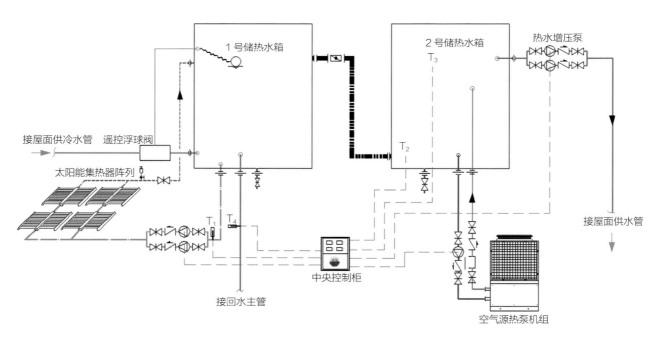

图 32-1　太阳能辅助空气源热泵系统原理图

图 32-2　太阳能热水系统安装与建筑实景

33 云南开远市 101 大厦
——平板型阳台壁挂式太阳能热水器

【项目概况】本项目建于 2012 年 6 月，为 33 层（101m）高层建筑，集热器和保温水箱安置于预先设计的太阳能专用平台上，建筑朝向为南向。采用 2.88m²/ 户的平板型分体式自然循环阳台壁挂式太阳能热水器。由于开远市的水质较硬，易结垢、腐蚀，导致集热器和循环管路的堵塞和损坏。此外，冬季极端低温下还会结冰，冻坏集热器及循环管路，故系统设计时考虑了防腐、防冻、防结垢等问题。

【案例特点】采用平板型集热器，美观、可靠；采用工质循环，解决了防腐、防冻、防结垢等问题；集热系统采用非承压式，使系统较为简单、可靠，造价较低；利用水箱内壁进行热交换，加工工艺简单、节省材料、降低成本。

【建设单位】云南中和房地产开发经营有限公司
【建设地点】云南省开远市
【设计施工】昆明恒宇惠源科技有限公司
【专家点评】低纬度地区采用阳台壁挂式太阳能热水器，在盛夏季节是很不利的。另外，如果在南偏西方向安装会更好一些。

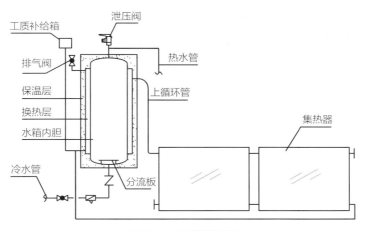

图 33-1　系统原理图

图 33-2　建筑一体化安装效果图

34 北京平谷区太平庄村
——新农村太阳能采暖工程

【项目概况】北京平谷区新农村太阳能采暖/热水项目，是平谷区委、区政府为提高农民收入和改变农村现状、保护当地自然环境、改变农民居住生活条件采取的一项重要措施，使新农村成为体现北方山村自然特色、农民户户增收的新型民俗休闲旅游度假村。

平谷区社会主义新农村太阳能采暖/热水项目包括南宅村、太平庄村、井峪村、张家台村、大东沟村、大庙峪村、东四道岭村等10余个村镇的整村建设及1000余户的太阳能新民居示范户，至2013年底已建成40余万m^2。

太平庄村是北京市平谷区新民居建设整体改造模式的典型示范村镇之一，该村首期改造工程为71户，建筑物为单层，建筑面积110m^2，内外墙体为200mm厚混凝土空心砖砌块结构，中间夹层为30mm厚聚苯乙烯泡沫保温板，屋面采用60mm厚聚苯乙烯泡沫保温板。

系统设计采用平板太阳能集热器配置生物质炉具，利用低温地板采暖系统进行供暖，在冬季采暖的基础上，提供全年的生活热水供应。太阳能的保证率为30%以上。系统投资在300元/m^2（建筑）以下，系统的费效比不高于0.3元/kWh；投资回报期在10年左右。

根据工程测试，太阳能采暖系统在气温不是很低的采暖初期和末期，不使用辅助能源的情况下，只启动太阳能集热器系统的房间温度可达到16℃以上；在冬季最冷的两个月里，仅靠太阳能集热器系统向建筑供暖，室内温度一般在10℃左右。

【**技术方案**】综合考虑系统的能效及其投资,集热器面积与建筑面积的配比在 1:6 ~ 1:8 之间为宜。每户采用 14.4m² 集热器,配置 200L 采暖 / 热水水箱、辅助锅炉(14kW)共同组成复合能量供应系统。在非采暖季节,只是供应生活热水,集热器面积过大,平板集热器能有效地防止夏季出现集热器过热问题。系统采用双层套筒式水箱技术,水箱结构为外套开式,储水用于太阳能集热系统与供暖系统;内套承压,用于供应生活热水,采暖功能与热水供应集中于同一个设备;系统末端为低温地板辐射供暖方式,敷设管材为 PEX 管。太阳能集热系统运行方式为温差循环,达到了充分利用太阳能源的目的。系统采用机械排空防冻技术,保证设备和系统在任何情况下都不会冻损,冬季正常使用。

【**案例特点**】太阳能采暖与热水供给结合,间壁式水箱换热;太阳能集热器与建筑一体化,集热器替代屋面瓦,参与建筑防水系统的构建;采用排空防冻方式,避免使用防冻液,使系统成本有所降低。

【**建设单位**】北京市平谷区太平庄村
【**建设地点**】北京市平谷区太平庄村
【**设计施工**】北京九阳实业公司
【**项目性质**】社会主义新农村建设示范项目
【**专家点评**】辅助加热循环从水箱较高位置抽取,加热后回到水箱较低位置,由于水箱内冷热水的对流作用,将使得水箱内上下层的水温趋于均匀,如此可能会影响到太阳能加热和热水的使用。

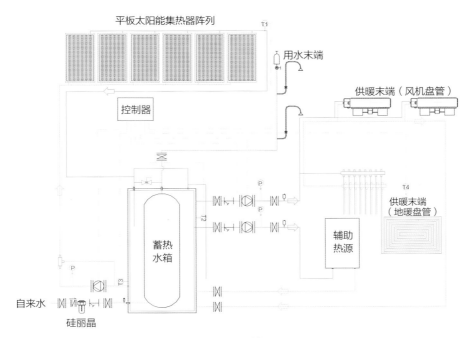

图 34-1　系统原理图

系统原理说明：

　　系统由太阳能集热、蓄热、辅助能源加热、采暖末端及生活热水供应几部分组成。太阳能集热器和储热水箱下部分别设置温度传感器测点。太阳能集热器吸收太阳辐射能量，集热器的温度不断升高，通过对传感器测点的检测，当集热器检测点温度与储热水箱水温温度差升高至上限值时，太阳能系统水泵启动，循环加热储水箱的水温，不断地将太阳能集热器的能量储存至储水箱中；当集热器检测温度与采暖水箱温度差达到设定下限值时，太阳能系统水泵停止。集热器及系统管道中的水通过管路的安装坡度排回至水箱中，达到系统排空防冻作用。在阴雨天气或太阳能量不足的条件下，可启动辅助系统对储热水箱的水循环加热，以满足供暖需求。储水箱中的热水通过供暖循环泵在地暖盘管、风机盘管中进行循环，向建筑物内供热，满足室内的温度需要，供暖循环水泵可根据房间设定温度要求启停。

图 34-2　太阳能系统景观

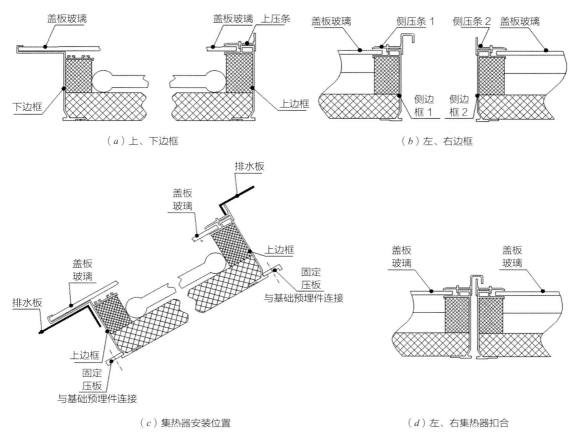

（a）上、下边框　　　　　　　　　　　（b）左、右边框

（c）集热器安装位置　　　　　　　　　（d）左、右集热器扣合

图 34-3　太阳能集热器的结构

结构与技术要求：

　　集热器与屋面瓦之间设置排水板，起到防水、排水的功能；集热器与集热器之间、集热器与排水板之间连接处设置橡胶密封条，以保证连接处防水的可靠性。排水板采用设置内部支架的方式，安装时将排水板支架采用铆接方式固定在集热器外边框上，再利用铆钉将排水板固定在排水板支架上。排水板之间应有足够的搭接量（宜 100mm 以上），搭接处需进行固定及密封处理，以保证太阳能集热器及集热器与屋面瓦的连接处达到可靠的结构防水功能。上排水板与水平面夹角应不小于 9°，以保证上排水板与屋面结合时排水顺畅。太阳能集热器主管道暗藏在排水板下面，室内放置在管道井中，外观看不到管线。排水板的宽度除满足排水的技术条件时，还应满足管路的安装需求。

35 昆明众和东苑小区
——家用太阳能与建筑一体化

【项目概况】项目建设于 2012 年 2 月，属于大型新建住宅小区。建筑包括低层、多层和小高层等。选用分户式太阳能热水系统。对于多层、小高层顶部两层住户及别墅住宅区选用"紧凑承压分户式"平板太阳能热水器，借助自来水压力供给热水；其余楼层住户选用"紧凑非承压分户式"平板太阳能热水器，借助重力供给热水，较为经济实惠。

【案例特点】在斜屋面上，太阳能热水器采用贴紧屋面的安装方式，所选用的太阳能热水器的外观、色彩及比例尺度均与建筑相协调，在保证太阳能集热效率的同时，达到了太阳能与建筑一体化的效果。另外，别墅和多层、高层的顶部两层采用承压式系统，其他楼层采用常压式系统，既解决了顶层用户供水压力不足的问题，也降低了低层用户的建设投资。

【建设单位】云南官房土地房屋开发经营股份有限公司
【建设地点】昆明市呈贡区昆洛路洛龙公园旁
【设计施工】昆明新元阳光科技有限公司
【项目性质】昆明市可再生能源建筑应用示范项目

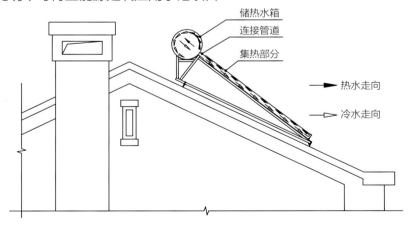

图 35-1　太阳能热水器屋面安装示意图

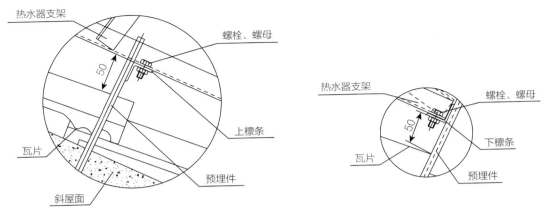

图 35-2　屋面太阳能热水器支架安装节点图

图 35-3　太阳能热水器安装与建筑实景

36 云南华侨城小区
——家用太阳能与建筑一体化

【**项目概况**】项目建设于 2013 年 12 月，小区建筑为别墅式斜屋面建筑。每户安装分户式太阳能联合热泵供热水系统，为住户提供热水保障。采用太阳能与建筑一体化设计，平板型集热器镶嵌于斜屋面上，储热水箱与空气源热泵安装于一层室外地面。太阳能集热系统采用间接式强制循环，配置承压储热水箱。

【**案例特点**】建筑为传统斜屋面，集热器依建筑南坡面布置，与建筑形式相协调；储热水箱和热泵设备安置于地面空地，既安全又不影响建筑形象。此项目为旅游地产，考虑到入住率与使用频率较低的问题，集热器与储热水箱之间的循环采用间接加热，防止因长时间未使用导致集热器内的水过热产生水垢。

【**建设单位**】云南华侨城实业有限公司
【**建设地点**】昆明市阳宗海北侧
【**设计施工**】云南东方红节能设备工程有限公司
【**项目性质**】昆明市国家可再生能源建筑应用示范项目

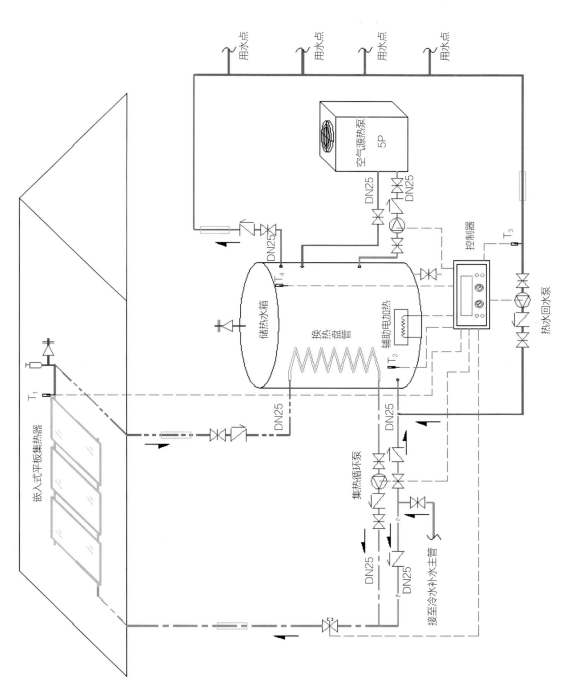

图 36-1 太阳能辅助空气源热泵系统原理图

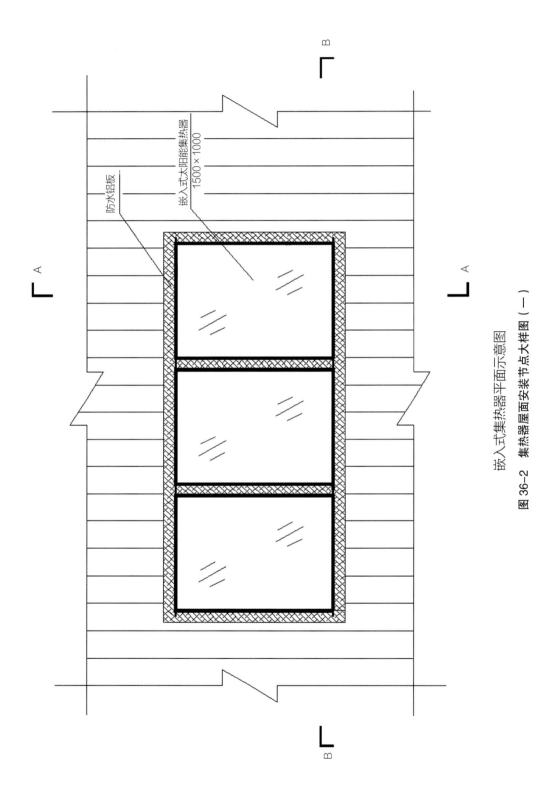

嵌入式集热器平面示意图

图36-2 集热器屋面安装节点大样图（一）

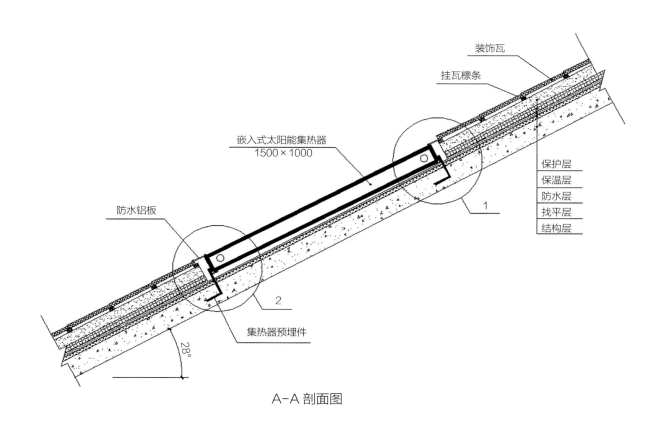

A-A 剖面图

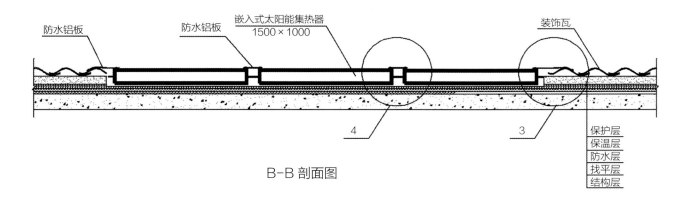

B-B 剖面图

图 36-2　集热器屋面安装节点大样图（二）

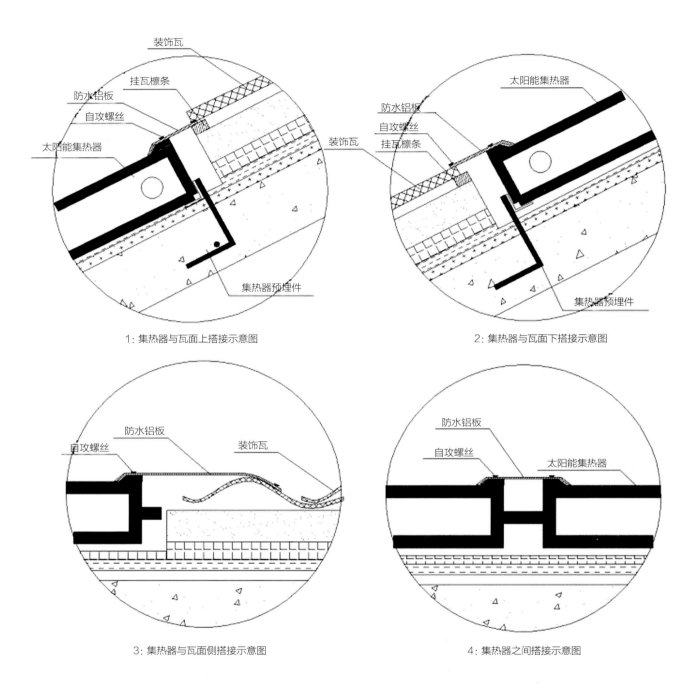

注：防水铝板与集热器及装饰瓦之间的连接均采用自攻螺丝。接口处均匀涂抹玻璃胶，以防漏水。

图 36-2　集热器屋面安装节点大样图（三）

图 36-3　太阳能热水系统安装与建筑实景

37 潍坊医学院学生公寓
——太阳能与建筑一体化

【项目概况】项目为潍坊医学院两栋学生公寓提供太阳能热水，辅助能源为电加热。该公寓建筑为框架结构，地下一层，地上六层，屋顶为坡屋面，楼顶设置阁楼层。共有宿舍 432 套，宿舍内设置带喷淋装置的卫生间。太阳能热水箱安装于阁楼内，并设置回水系统，实现热水即开即热，定时增压供水。

系统采用双水箱模式实现恒温供水。太阳能系统储热水箱分为集热水箱和供水水箱，集热水箱直接连接太阳能集热循环系统，储存太阳能热量；供水水箱向室内提供生活热水，通过系统自动的冷热水调控，保证供水温度在 45 度（可调）左右，不会对人体产生烫伤。太阳能系统在持续的高温运行工况下，管路内会产生气体，可通过排气阀排出；在极端恶劣工况下，安全阀自动打开，以保证系统的安全，不发生炸管情况。

【案例特点】真空管集热器沿斜屋面布置，与建筑相协调；配置智能控制系统 HYK-III（PLC），实现远程控制。

【建设单位】潍坊医学院
【建设地点】山东省潍坊市
【设计施工】皇明太阳能股份有限公司
【专家点评】采用落水式供给热水，可能使得集热系统长期处于较高温度条件下工作；水箱间的连接与循环方式会导致热水与冷水的反混。如此可能降低系统效率，增加常规能源的消耗。

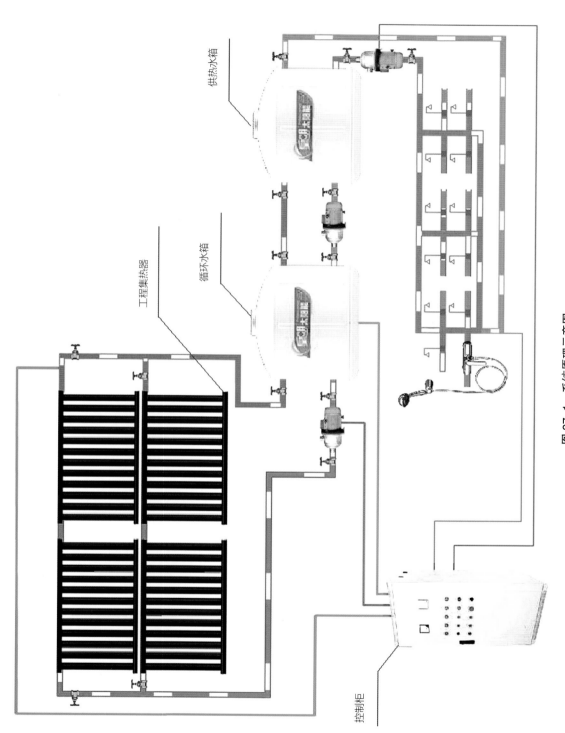

图 37-1 系统原理示意图
（本图为示意性质，不代表其工程实际）

供热水箱

工程集热器

循环水箱

控制柜

系统原理说明：

　　左边水箱为集热循环水箱，右面为供热水箱。集热循环为温差控制循环；水箱补水为通过水位和水温控制的自动补水；水箱间循环为两水箱温差控制循环；辅助加热为供热水箱内置电加热；供热水口位于水箱下部，为落水式供水。另外系统还具备防冻循环、防干烧循环、防冻电加热等功能。

图 37-2　太阳能系统景观

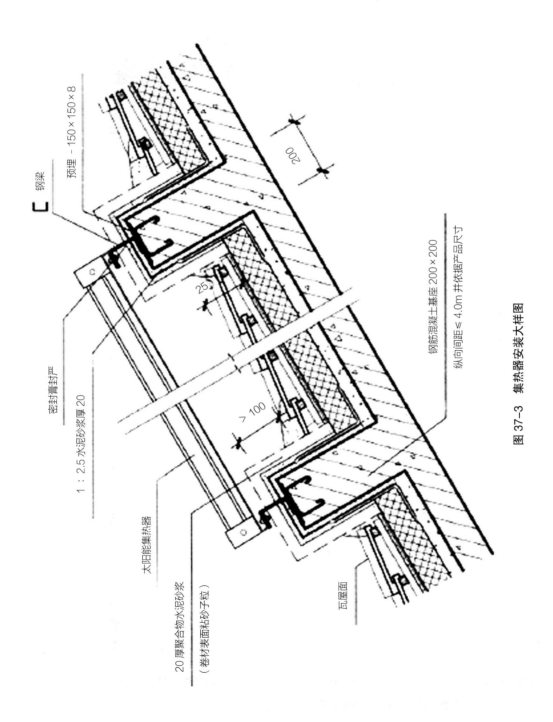

钢梁

预埋 - 150×150×8

密封膏封严

1：2.5水泥砂浆厚20

太阳能集热器

20厚聚合物水泥砂浆
（卷材表面粘砂子粒）

瓦屋面

25

＞100

200

钢筋混凝土基座 200×200

纵向间距≤4.0m 并依据产品尺寸

图 37-3 集热器安装大样图

38 云南安宁市中小学改扩建项目
——限制太阳能热水供给超温的恒温系统

【项目概况】项目建设于 2011 年 7 月。安宁市的部分中小学（包括八街中心小学、鸣矣河小学、禄脿学校、县街小学等）实施校舍改扩建项目，其中对学生宿舍、教职工宿舍配置太阳能联合热泵供热系统，学生食堂配置纯太阳能供热系统，实现学校卫生热水的供给。

采用空气源热泵辅助的太阳能集中式热水系统，可以全天候提供师生生活热水。然而，当太阳能热水温度过高时，则存在烫伤学生的安全隐患，特别是对于低龄儿童。鉴于此，对学生宿舍的太阳能热水供给系统设置了防止热水温度过高的恒温系统，即当热水温度超过一定限度时，自动混入适量冷水，降低热水供给温度，确保学生用水安全。

【案例特点】对学生宿舍采用"太阳能—热泵—恒温控制"的热水供给方案，防止热水过热，确保学生用水安全。

【建设单位】安宁教育投资有限公司
【建设地点】云南省安宁市
【设计施工】云南鼎睿能源科技有限公司
【技术支持】昆明理工大学太阳能工程研究所
【项目性质】昆明市国家可再生能源建筑应用示范项目。
【专家点评】按国家有关标准，热水供水温度不得超过 75℃，但对于真空管太阳能热水系统而言，至今没有限制热水温度超标的有效方法。因此，真空管太阳能热水系统存在管道设施加速老化、人员烫伤的安全隐患。该方法的应用，有效地解决了真空管太阳能热水系统供水温度超限的问题，且其方法技术成熟、简单可靠。

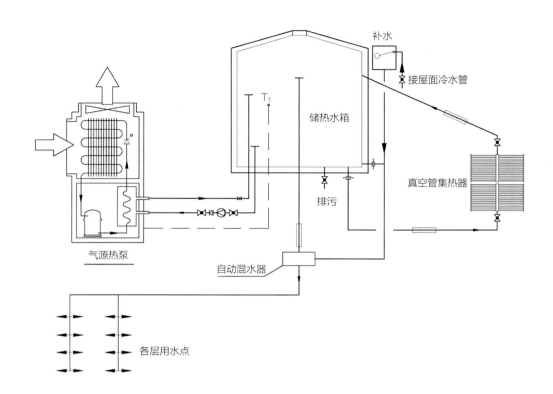

图 38-1　系统原理图（单水箱系统）

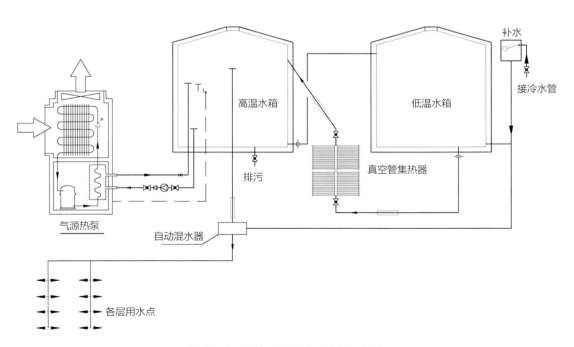

图 38-2　系统原理图（双水箱系统）

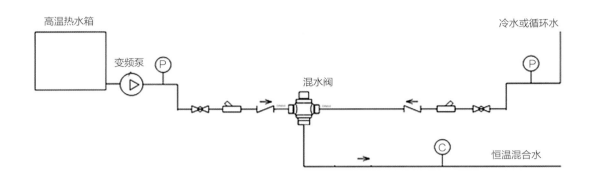

图 38-3　恒温系统原理图

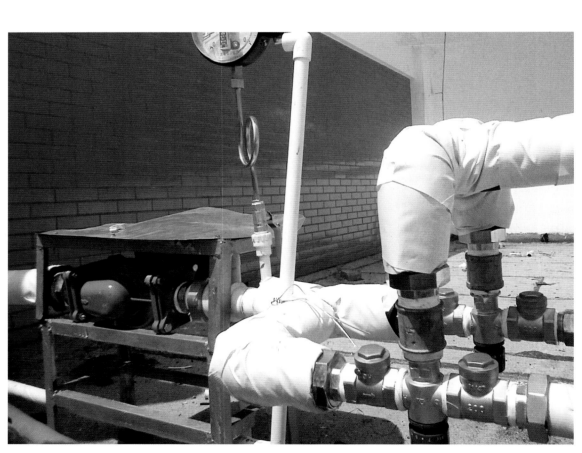

图 38-4　恒温系统现场照片（两套并联）

图 38-5　太阳能系统景观

39 云南曲靖市景泰瑞园小区
——高层建筑太阳能热水供给系统

【项目概况】项目建设于 2013 年 7 月。景泰瑞园小区为居住建筑，高层住宅（28 层、32 层）; 屋顶均为平顶，有利于安装太阳能集热器。对于高层建筑，屋顶面积有限，因而采用集中式太阳能热水系统，每栋楼设置一套太阳能系统，辅助热源为空气源热泵，并设置分时段自动回水系统。

采用全玻璃真空集热器，加之系统管路良好的保温与隔热防护，可有效地解决系统冬季防冻的问题。

按国家相关规定，建筑供水系统静压力不得超过 0.45MPa，因此拟对高层建筑采用分区供水方式。对于下层建筑进行减压供水，相应的，回水水泵的安置地点也在减压楼层。由于单台水泵扬程不足，本案例采用两台水泵串联使用。

系统配置情况如下：集热器总面积 900m^2，热水箱总容积 52m^3; 小区住户数 504 户，户均集热器面积 1.8m^2。

【案例特点】高层建筑采用分区热水供给，低楼层热水减压后供给，回水泵设置在与减压阀同楼层; 集中式太阳能热水系统与空气源热泵结合，热泵只对水箱中上部温水加热。

【建设单位】曲靖市欣厦房地产开发有限公司
【建设地点】曲靖市银屯路
【设计施工】云南鼎睿能源科技有限公司
【技术支持】昆明理工大学太阳能工程研究所
【项目性质】曲靖市国家可再生能源建筑应用示范项目
【专家点评】高层建筑已经成为城镇建设的主要形式，屋面太阳能资源有限，采用集中式太阳能热水系统有利于屋面太阳能资源的有效利用。事实上，对于平均户型在 100m^2 左右的住宅建筑，屋面太阳能资源的有效利用可以供给约 30 层住户的热水（户均拥有屋顶面积约 3.3m^2）。对于集中式系统，热水可以调剂使用，应用弹性较大，如本项目户均安装集热器 1.8 m^2，已经可以满足住户基本的热水需求了。

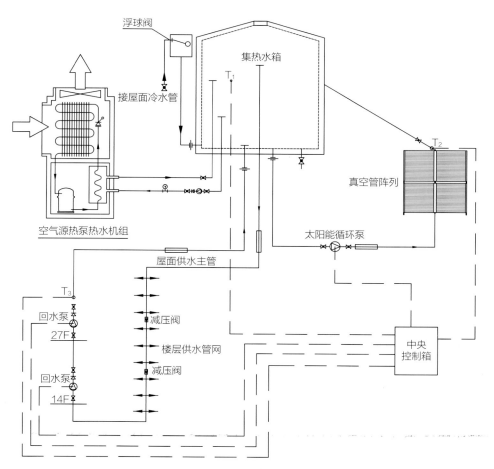

图 39-1 系统原理图

图 39-2 屋顶太阳能系统景观

图 39-3 建筑外立面
（屋顶太阳能系统并不影响建筑景观）

40 大同华北星城小区
——集中储热分散换热式供热太阳能系统

【**项目概况**】华北星城住宅小区屋顶为平顶，屋面造型不规则，南北朝向。每单元 10 户，系统设计为集中集热、集中储热，分散换热式供热的太阳能系统，每套系统供 5 户，水箱容积1000L，每户设计用水量为 200L/ 天。户内安装一台 40L 电热水器。

【**案例特点**】系统将太阳能的集热、储热、换热在同一台机器内自然实现，不占用设备间，不使用其他常规动力，不需要复杂的控制系统，系统自身无能耗；每个单元用户共用太阳能资源，统筹使用，系统使用弹性较大；业主使用自己的冷水，无须热水计量，减少物业管理；热水质新鲜，无二次污染，可作为厨房用水；太阳能作为预加热热源，与常规热源不在同一水箱内，优先使用太阳能，可提高太阳能利用率。

【**建设单位**】大同华北星房地产开发有限责任公司
【**建设地点**】山西大同市御河东路东侧
【**设计施工**】北京索乐阳光能源科技有限公司

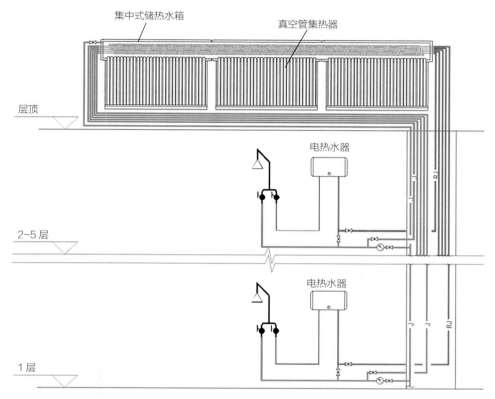

图 40-1　系统原理图

系统原理说明：

　　直插式真空管集热系统，采用集中式储热水箱，每户的自来水进入集中式储热水箱，通过不锈钢波纹盘管换热器快速换热，回到室内经电热水器供到用水端。当太阳能水温高于 45℃时（可调）电热水器不启动，直接供到用水端；太阳能水温低于 40℃时（可调）电热水器启动，加热到 45℃（可调）后供到用水端。

图 40-2　太阳能系统景观图

41 北京中粮万科假日风景小区
——集中—分散式太阳能热水系统

【项目概况】 北京中粮万科假日风景小区建筑为 15 层板式建筑，屋顶为平屋面。太阳能热水系统设计为集中—分散式，即"集中集热、分户蓄水"形式。太阳能集热器集中布置于屋顶，并在屋顶设置缓冲水箱，蓄热水箱分置于各住户洗衣间，通过管路将太阳能热量输送至分户蓄热水箱。热水定额每户设计量 100L/ 日，每户配置集热器面积 1.73m^2，每单元总集热面积为 52m^2。

集热系统采用排空防冻方式，集热系统循环水泵关闭，排空电磁阀（常闭）开启，集热器及上下循环管内的水排回缓冲水箱。当缓冲水箱 T3 ≤ 5℃时，启动缓冲水箱防冻电加热至 T3 = 10℃时停止。当室外管上的温度传感器 T4 ≤ 5℃时，启动局部电伴热加热至 T4 = 10℃时停止。

【案例特点】 集中集热，分散储热系统，避免屋顶集中式大型水箱，太阳能与建筑的协调性较好；无需户用水量的计量，便于物业管理。

【建设单位】 北京中粮万科假日风景房地产开发有限公司
【建设地点】 北京市丰台区西长安街
【设计施工】 广东五星太阳能股份有限公司

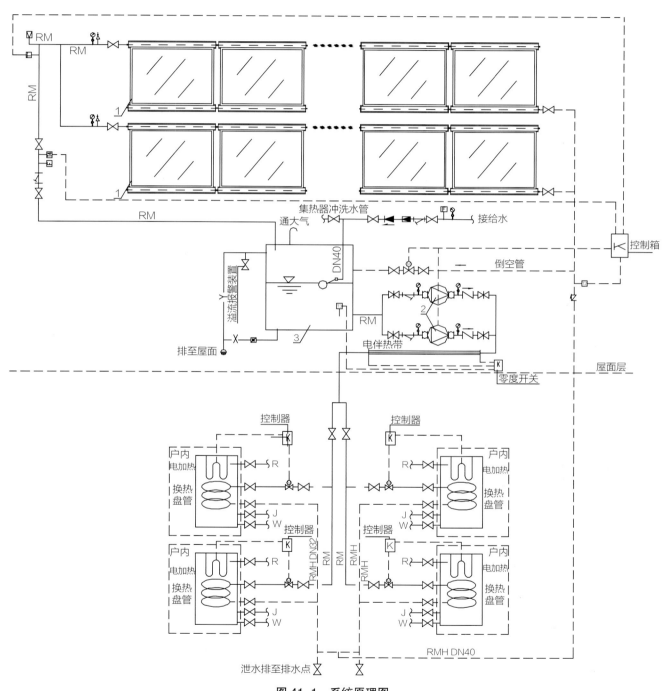

图 41-1 系统原理图

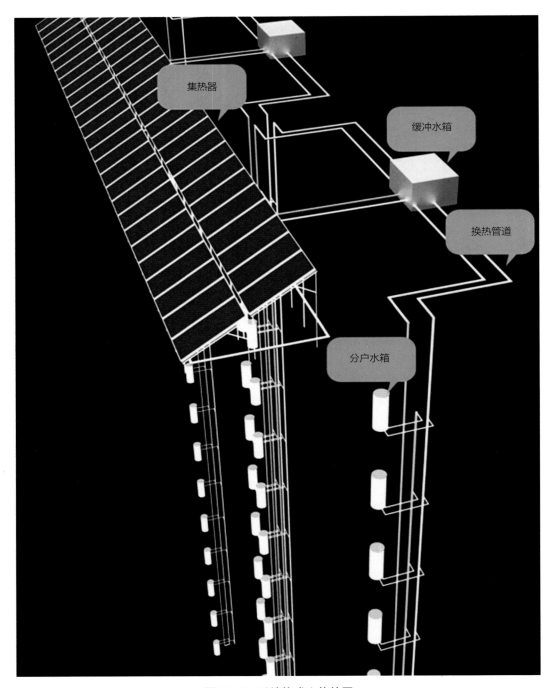

图 41-2　系统构成立体简图

图 41-3　集热器阵列

图 41-4　太阳能与建筑景观图

42 昆明长水国际机场南工作区
——集中式间接加热承压式太阳能系统

【项目概况】项目建设于 2012 年 5 月，为昆明新机场南工作区域办公用房和生活区。设计要求全天候提供不低于 55℃ 的生活热水，热水压力与冷水压力保持平衡。鉴于此，采用集中式太阳能—电热水器系统，可确保全天候提供合乎品质要求的生活热水；采用承压热水箱，确保热水压力与冷水压力的平衡；采用间接换热方式，可使集热系统处于常压运行，便于利用工质防冻；设置回水系统，以时间和温度为控制条件，保证各用水点热水即开即用，避免水资源的浪费。

【案例特点】"集中式太阳能—电热水器—压力水箱—间接加热"集成系统，其工程难点在于间接式换热方面。此类系统通常用于分散式（家用）系统，而用于集中式系统，面临的问题是涉及大型压力水箱的设计制造、间接式换热器的设计制造问题。

【建设单位】昆明新机场建设指挥部
【建设地点】昆明市官渡区大板桥街道长水村
【设计施工】云南鼎睿能源科技有限公司
【技术支持】昆明理工大学太阳能工程研究所

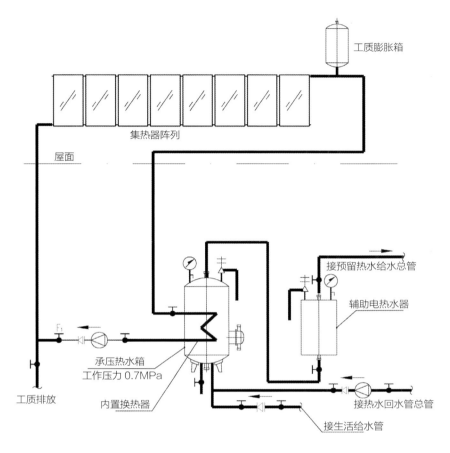

工质膨胀箱

集热器阵列

屋面

接预留热水给水总管

辅助电热水器

F₁

承压热水箱
工作压力 0.7MPa

工质排放

内置换热器

接热水回水管总管

接生活给水管

图 42-1　系统原理图

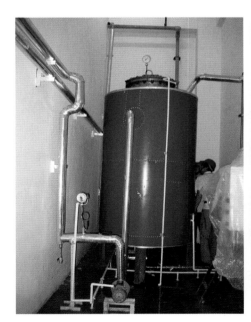

图 42-2　承压热水箱　　　　　　　　　　　　　图 42-3　太阳能集热系统景观

43 华南理工大学宾馆
——太阳能与建筑一体化设计

【**案例特点**】太阳能与建筑一体化设计、建造，把太阳能集热器作为建筑物的装饰构件。

【**建设单位**】华南理工大学
【**建设地点**】广东省广州市华南理工大学校内
【**案例提供**】昆明理工大学太阳能工程研究所

图 43-1 太阳能与建筑一体化设计效果图
（把太阳能集热器作为建筑的装饰构件）

图 43-2　太阳能与建筑景观
（可见屋面太阳能集热器独特的装饰效果）

图 43-3　屋顶平面布置图
（太阳能热水箱置于建筑的一侧，使得在建筑正面基本上看不到水箱）

44 皇明太阳谷建筑群
——太阳能与建筑一体化设计

【案例特点】采用太阳能与建筑一体化设计（太阳能与建筑同步规划、同步设计），把太阳能的形体作为建筑元素纳入建筑整体，使得太阳能设施作为建筑不可分割的部分，甚至把太阳能设施的形体设计得十分夸张，构成建筑的装饰和特征。

【建设单位】皇明太阳能股份有限公司

【专家点评】进行太阳能与建筑一体化设计，便可以很好地统筹解决太阳能与建筑的关系问题，使得太阳能设施真正成为建筑不可分割的部分。设计中高悬于空中的真空管集热器，不宜采用全玻璃真空管，否则可能发生爆管等安全事故。

（a）大厦正面

（b）大厦侧面

图 44-1　日月坛大厦

图 44-2 国际会议中心（三片贝壳造型）

图 44-3 高科园别墅（海棠苑）

图 44-4　蔚来城

图 44-5　太极别墅

45 建筑构件化集热器的应用
——设计案例

【案例特点】 直接利用太阳能构件化集热器作为建筑屋面,在满足太阳能集热的同时,兼作屋面覆盖层,起到遮风避雨、保温隔热的作用。

【设计构思】 昆明理工大学太阳能工程研究所
【设计绘图】 段向景

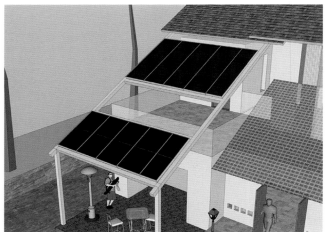

图 45-1 建筑构件化集热器作为别墅的雨棚

图 45-2　建筑构件化集热器用于酒店屋顶搭建酒吧、茶吧

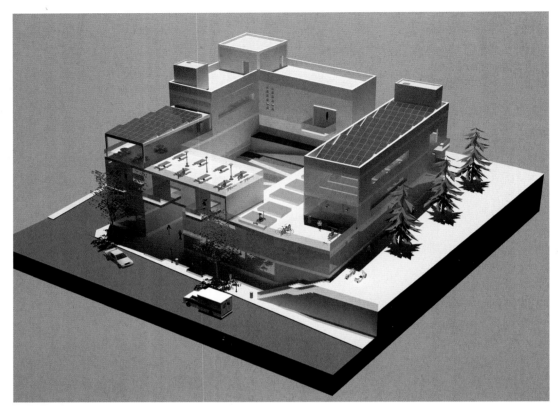

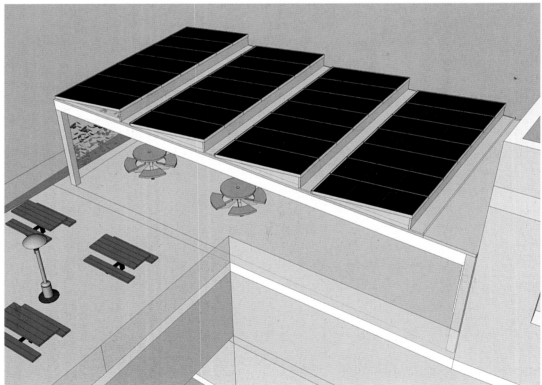

图 45-3 建筑构件化集热器横置的形式